## 수업 시간이 만만해지는 즐거운 상상

학교는 재미있는데, 수업 시간은 좀 별로예요. 어렵고, 지루하고, 딱딱하고, 답답해요. 오늘은 열심히 해봐야지, 나도 공부 잘하고 싶어, 라고 굳게 결심한 날에도 여전히 그렇거든요. 대체 나는 왜 이럴까요? 혹시 이런 고민해본 적 있나요?

우리 초등 친구들의 딱한 표정을 안타깝게 바라보던 냥냥이 친구들이 그 이유를 딱 찾아냈어요. 범인은 바로, 교과서 속 어휘! 어휘를 모르니 내용은 이해할 수가 없는 거였네요.

그래서 냥냥이 친구들이 짠, 하고 이렇게 나타났어요. 공부를 열심히 해서 시험도 백 점 맞고 싶고, 나만의 소중한 꿈도 이루고 싶은 친구들을 위해 꼭 기억해야 할 어휘를 골라주고, 설명해주고, 퀴즈도 내줄 거예요. 한번 배운 어휘를 잊지 않도록 모든 어휘가 담긴 일력을 책상 위에 세워두고 자주 보며 눈에 익혀보세요. 냥냥이가 이끄는 대로 즐겁게 한 발씩 따라가기만 하면 수업 시간은 만만하고, 즐겁고, 시간이 후딱 지나가는 제법 해볼 만한 도전이 될 거예요.

새롭고 힘찬 한 해를 응원하며
냥냥이 친구들이

# 이은경쌤과 함께하는
# 초등 교과 어휘 일력(사회, 과학)

1판 1쇄 펴냄 | 2023년 10월 25일

지 은 이 | 이은경
발 행 인 | 김병준
편 집 | 박유진
마 케 팅 | 김유정, 차현지
디 자 인 | 권성민
발 행 처 | 상상아카데미
등 록 | 2010. 3. 11. 제313-2010-77호
주 소 | 서울시 마포구 독막로 6길 11(합정동), 우대빌딩 2, 3층
전 화 | 02-6953-8343(편집), 02-6925-4188(영업)
팩 스 | 02-6925-4182
전자우편 | main@sangsangaca.com
홈페이지 | http://sangsangaca.com

ISBN  979-11-85402-66-6 (12590)

## 기획, 글 이은경

15년간 초등 아이들을 가르쳤던 교사이자 중등인 두 아들을 키우는 엄마로서 20년 가까이 쌓아온 교육 정보와 경험을 나누기 위해 글을 쓰고 강연을 한다. 지난 7년간 초등공부, 학교생활, 부모성장을 주제로 한 강연을 유튜브와 네이버 오디오 클립에 공유해 온 덕분에 초등 엄마들의 든든한 멘토가 되었다. 현재 '슬기로운초등생활'이라는 이름의 유튜브 채널은 누적 조회수 1,800만 회를 돌파하며, 초등 교육 대표 콘텐츠로서의 자리를 확고히 하고 있다.

지은 책으로는 《어린이를 위한 초등 매일 글쓰기의 힘: 영어한줄쓰기》《어린이를 위한 초등 매일 글쓰기의 힘: 세줄쓰기》《냥냥이랑 어휘로 사회 쓱》《냥냥이랑 어휘로 과학 쓱》 1학기, 2학기 시리즈가 있고, 옮긴 책으로는 《우리 아이 어떻게 사랑해야 할까》 등 45권이 있다.

유튜브채널 | 슬기로운초등생활, 매생이클럽
네이버 카페, 포스트, 오디오클립 | 슬기로운초등생활
인스타그램 | lee.eun.kyung.1221

## 글 안수정

25년 차 초등교사이자 대학생 두 남매의 엄마다. 오랜 교직 생활 동안 주로 3, 4학년 담임을 맡아오면서 공부 잘하고 싶은 열정은 가득하지만 어휘의 벽에 부딪혀 수업에 제대로 집중하지 못하는 아이들을 보며 안타까운 마음이 컸다. 《냥냥이랑 어휘로 쓱》 시리즈로 교과서 어휘에 관한 아이들과 학부모의 고민을 한결 가볍게 만들어 줄 수 있을거라 기대한다.

저서: 《냥냥이랑 어휘로 사회 쓱 3-1》《냥냥이랑 어휘로 사회 쓱 3-2》

# 🐾 도전! 냥냥이 퀴즈 🐾

1. 다음 중 두부, 두유, 된장의 '원료'인 것은?
   ① 밀          ② 깨          ③ 쌀          ④ 콩

2. '증발'은 ( 고체, 액체, 기체 ) 상태에서 ( 고체, 액체, 기체 ) 상태로 변하는 현상을 뜻한다.

3. 다음 중 '체'로 걸러낼 수 <u>없는</u> 것은?
   ① 콩          ② 깨          ③ 쌀          ④ 물

4. 다음 중 '촉감'으로 느낄 수 없는 것은?
   ① 차가움      ② 따가움      ③ 부드러움      ④ 맛있음

5. ( 혼합물, 준비물 )은 거름이나 증류 같은 물리적인 방법으로 분리할 수 있다.

1. ④ 2. 액체, 기체 3. ④ 4. ④ 5. 혼합물

## 글 장순월

21년 차 베테랑 초등학교 교사이자 고등학생 두 자매를 키우는 엄마다. 20년 넘게 초등 1~6학년까지 모든 학년의 담임을 맡아 보면서 항상 들었던 생각은 어휘력이 학습에 큰 영향을 미친다는 것이었다. 아이들은 늘 생각하지 못한 순간에 "그게 무슨 뜻이에요?"라는 질문을 던진다. 어휘에 발목이 잡히는 아이들을 보면서 안타까웠던 마음을 담아 이 책을 집필하였다. 초등 시기 어휘는 학습의 성장으로 바로 연결되기에 성장의 문턱에서 어려움을 겪고 있는 아이와 학부모에게 큰 도움이 되기를 기대해본다.

## 글 김선

20년 차 베테랑 초등학교 교사이자 중등, 초등 남매를 키우는 엄마다. 공교육과 사교육의 합리적인 밸런스를 찾기 위해 다양한 사례들을 연구하던 중 교과서 어휘 교육에 관한 관심을 갖게 되었고, 이 책의 집필에 참여하게 되었다. 그간 지은 책으로는 초등학생들의 경제교육 방법을 짚어주는 책《게임 현질하는 아이, 삼성 주식 사는 아이》《공부 자존감은 초3에 완성된다》《초5 용돈 다이어리》등이 있으며, 현재 유튜브 채널 '초등생활 디자이너'에서 가성비 높은 학습법, 경제교육, 성교육 등 다양한 교육 이야기를 나누고 있다.

## 글 박명선

'함께하면 즐거운 우리'라는 뜻의 '라온우리'라는 이름으로 활동 중이다. 올해로 18년째 초등 교실에서 학급을 운영하고 있으며, 블로그 '라온샘 행복일기'에서 학교 이야기를 나누고 있다. 아이들과 함께 배우고 성장하는 교실을 꿈꾸는 과정에서 교과서 어휘 교육에 관심을 갖게 되었고, 덕분에 이 책의 집필에도 참여하게 되었다. 그간 지은 책으로는《평생 공부력은 초5에 결정된다》《초등 어휘력이 공부력이다》《학습격차를 줄이는 수업 레시피》등이 있다.

# 12월 30일

## 🐾 도전! 냥냥이 퀴즈 🐾

1. 어떤 물건을 만드는 데 바탕이 되는 재료를 뜻하는 어휘는

   이다.

2. 액체가 기체로 바뀌어 날아가는 것을                        이라고

   한다.

3.                        는 가루를 곱게 치거나 액체를 받거나 거르는 데

   쓰는 기구이다.

4.                        은 살갗에 닿는 느낌을 뜻한다.

5. 두 가지 이상의 물질이 각각의 성질을 지니면서 뒤섞인 것을 뜻하는

   어휘는                        이다.

# 이 책의 구성

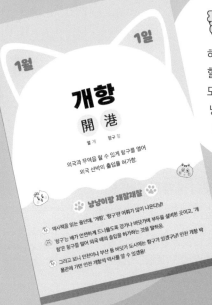

## 필수 어휘

하루에 하나씩, 매주 5개의 필수 어휘를 익힐 수 있게 했어요. 필수 어휘의 한자와 영어도 함께 적어 두어 한눈에 볼 수 있게 했고, 냥냥이들의 대화문을 읽으면서 필수 어휘에 관해 폭넓게 이해할 수 있게 했답니다.

## 서술어

매주 2개의 서술어를 익힐 수 있게 했어요. 서술어의 정확한 의미를 읽은 뒤, 비슷한 말과 반대말도 함께 알 수 있게 했어요.

# 맺다

열매나 꽃망울이 생겨 나거나
그것을 이루는 모습을 '맺다'라고 표현해.
너에게 올해 매일매일이 탐스러운 어휘 열매를
주렁주렁 맺는 시간이었기를 바라!

## 🐾 알아두면 똑똑해지는 서술어 친구들! 🐾

열리다          **맺다**          맺히다

비슷한 말   반대말

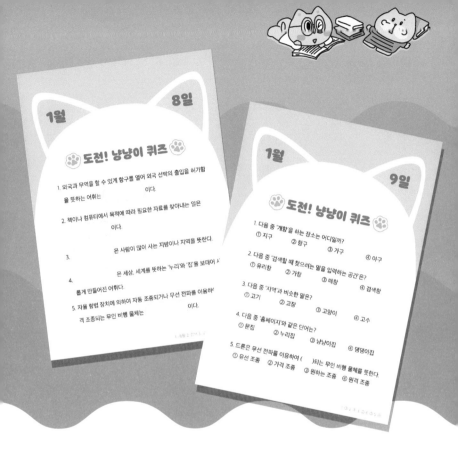

**1월 8일**

### 🐾 도전! 냥냥이 퀴즈 🐾

1. 외국과 무역을 할 수 있게 항구를 열어 외국 선박의 출입을 허가함 을 뜻하는 어휘는 　　　　　이다.

2. 책이나 컴퓨터에서 목적에 따라 필요한 자료를 찾아내는 일은 　　　　　이다.

3. 　　　　　은 사람이 많이 사는 지방이나 지역을 뜻한다.

4. 　　　　　은 세상, 세계를 뜻하는 '누리'와 '집'을 보태어 새 롭게 만들어진 어휘다.

5. 자율 항법 장치에 의하여 자동 조종되거나 무선 전파를 이용하 여 격 조종되는 무인 비행 물체는 　　　　　이다.

**1월 9일**

### 🐾 도전! 냥냥이 퀴즈 🐾

1. 다음 중 '개항'을 하는 장소는 어디일까?
   ① 지구　　　② 항구　　　③ 가구　　　④ 야구

2. 다음 중 '검색'할 때 찾으려는 말을 입력하는 공간은?
   ① 유리창　　② 가창　　③ 폐창　　④ 검색창

3. 다음 중 '지역'과 비슷한 말은?
   ① 고기　　　② 고장　　③ 고양이　　④ 고수

4. 다음 중 '홈페이지'와 같은 단어는?
   ① 문집　　　② 누리집　　③ 냥냥이집　　④ 댕댕이집

5. 드론은 무선 전파를 이용하여 (　　　)되는 무인 비행 물체를 뜻한다.
   ① 유선 조종　　② 가격 조종　　③ 원하는 조종　　④ 원격 조종

# 도전! 냥냥이 퀴즈

그동안 배운 어휘를 얼마나 기억하고
있는지 간단한 퀴즈를 풀면서 복습하는
날이에요. 빈칸에 적절한 어휘를 찾아
적거나 질문에 적절한 답을 찾아보세요.
페이지 아래쪽에 정답이 있으니,
다 풀고 나서 정답을 확인해 봐도 좋아요.

**12월** **28일**

# 지니다

한글을 아끼고 사랑하는 마음은
대한민국 국민이라면 누구나 지니고 있지?
'지니다'는 바탕으로 갖추고 있다는 뜻의 어휘야.
따뜻한 마음, 너그러운 성품, 넓은 이해심 등
좋은 마음들을 우리 마음속 깊이 지니자.

## 알아두면 똑똑해지는 서술어 친구들!

갖추다

**지니다**

품다

갖다

비슷한 말 반대말

# 혼합물

## 混 合 物

섞을 혼　　합할 합　　물건 물

두 가지 이상의 물질이
각각의 성질을 지니면서 뒤섞인 것.

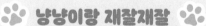

### 🐾 냥냥이랑 재잘재잘 🐾

 '화합물'은 물과 소금처럼 두 가지 이상의 원소를 화학적으로 결합시켜 만든 물질로, 결합하고 나면 물리적으로 분리할 수 없다냥. 또 결합하기 전의 물질과는 전혀 다른 새로운 성질과 일정한 끓는점, 녹는점, 밀도를 갖는다냥.

 그렇구냥. 이와는 다르게 '혼합물'은 소금물과 우유처럼 두 가지 이상의 물질이 섞인 물질로, 결합하고 난 뒤에도 다시 분리할 수 있다냥. 또 섞이기 전의 물질이 가진 성질을 그대로 지닌다냥.

# 개항

## 開 港

열 개　　항구 항

항구를 열어
다른 나라 선박의 출입을 허가함.

## 🐾 냥냥이랑 재잘재잘 🐾

🐱 역사책을 읽는 중인데, '개항', '항구'란 어휘가 많이 나온다냥!

🐱 '항구'는 배가 안전하게 드나들도록 강가나 바닷가에 부두를 설비한 곳이고, '개항'은 항구를 열어 다른 나라의 배의 출입을 허가하는 것을 말하옹.

🐱 그러고 보니 인천이나 부산 등 바닷가 도시에는 항구가 있겠구냥! 인천 개항 박물관에 가면 인천 개항의 역사를 알 수 있겠옹!

# 촉감

觸 感

닿을 촉    느낄 감

살갗에
닿는 느낌.

## 🐾 냥냥이랑 재잘재잘 🐾

🐱 '촉감'이랑 '감촉'이 다른 뜻이냥?

🐱 같은 말이라고 봐도 된다냥. '촉감'은 감각, '감촉'은 느낌이라고 생각하면 되옹.

🐱 '이 옷감은 감촉이 아주 좋다냥.' '이 옷감은 부드러운 촉감이 느껴졌다냥.' 이 두
문장은 결국 같은 의미구냥.

# 검색

## 檢 索

검사할 검 　 찾을 색

책이나 컴퓨터 등에서
알고 싶은 것을 찾아내는 일.

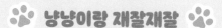
### 🐾 냥냥이랑 재잘재잘 🐾

😺 '검색'의 뜻을 알고 싶은데, 엄마가 '검색창'에 입력하라고 했옹. '검색'도 모르는데 '검색창'에 입력하라니!

😸 하하! '검색'은 알고 싶은 것을 찾는 것을 말하옹. 그리고 '검색창'은 인터넷에서 내가 알고 싶은 단어를 입력하는 공간을 말하옹. 네이버나 구글 첫 화면에 길쭉한 직사각형으로 된 글 쓰는 공간이 바로 검색창이다냥!

# 크리스마스:
## 예수 그리스도의 탄생을 축하하는 기념일

크리스마스는 부활절과 더불어
기독교의 가장 중요한 명절 중의 하나에요.
예수님이 언제 태어났는지 그 정확한 날짜를 알 수는 없으나,
기독교에서는 12월 25일을 예수의 탄생일로 정해 기념하고 있어요.
크리스마스는 1800년대 중반부터 오늘날과 같은
특징을 갖기 시작했어요. 이웃 사랑과 자선이 중시되고,
어린이를 중심으로 하는 가족의 축제일이 되었지요.
크리스마스 트리, 산타클로스, 카드, 캐럴 등
크리스마스를 상징하는 것들이 생겼고,
소중한 사람과 선물을 주고받고
함께 저녁을 먹는 것이 일반화 되었어요.
친구들, 메리 크리스마스!

# 고장

순우리말.
사람이 사는 어떤 지방이나 지역.

## 🐾 냥냥이랑 재잘재잘 🐾

난 우리 고장이 정말 좋다냥!

나도다냥! 우리 지역 공원의 꽃길은 정말 예쁘다냥!

'지역'이라고?

'고장'과 '지역'은 비슷한 말이다냥! 주변 고장들을 두루 묶어서 설명할 때 '지역'이라고 많이 쓴다냥! 고장보다 좀 더 넓은 의미라고 생각하면 된다냥.

# 체

순우리말.
가루를 곱게 치거나
액체를 밭거나 거르는 데 쓰는 기구.

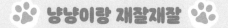

## 🐾 냥냥이랑 재잘재잘 🐾

🐱 점심을 너무 많이 먹었나 보옹. 체한 것 같다옹.

🐱 점심을 체에 걸러서 먹었다는 말이냥?

🐱 가루나 액체를 거르는 데 쓰는 '체' 말고냥! 한의학에서는 먹은 음식이 잘 소화
되지 않은 증상을 '체'라고 한다옹.

🐱 그런 줄도 모르고 난 너처럼 체에 밥을 걸러서 먹으려고 했다냥!

# 누리집

순우리말. 인터넷에서 정보를 나누거나
홍보 등을 하려고 꾸며 놓은 웹 사이트.
영어로는 homepage(홈페이지).

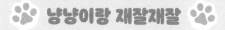
## 냥냥이랑 재잘재잘

'누리집'과 '홈페이지'는 하나도 안 비슷한데, 같은 말이냥?

응. '홈페이지'는 영어식 표현이고, '누리집'은 우리말이옹. 보통 '홈페이지'라는
표현을 사용하는데, 사회 교과서에서는 '누리집'이란 단어를 더 많이 사용하옹.

'누리집'이란 말이 참 예쁘옹. 뭔가 누릴 것이 많아 보인다냥!

# 12월 23일

# 증발

찔 증 　　필 발

액체가 기체로 바뀌어
날아가는 것.

## 🐾 냥냥이랑 재잘재잘 🐾

🐱 큰일났다옹. 옆집 아이가 갑자기 증발했다는데, 이게 무슨 소리냥? 사람도 기체
상태로 변할 수 있냥?

🐱 사람이나 물건이 갑자기 사라져 어디에 있는지 알지 못하게 되는 것도 '증발'이
라고 말한다옹.

🐱 와! 방금 문자로 아이를 찾았다고 연락이 왔다냥. 놀이터에서 놀고 있었다고 하
는구냥. 정말 다행이다냥.

# 드론

## drone

무선으로 조종하는 비행기나 헬리콥터 모양으로 된
사람이 타지 않는 항공기.

### 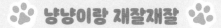 냥냥이랑 재잘재잘

요즘 드론이 많이 보이지 않냥? 드론은 높은 곳에서 사진이나 영상 찍기, 농약 뿌리기처럼 사람 손이 닿기 어려운 곳까지 원격 조종으로 갈 수 있다냥!

정말 신기하다냥. '원격 조종'은 멀리서 조종한다는 말이냥?

맞다냥. '원격 조종'은 멀리 떨어진 곳에서 신호를 보내어 기계를 동작하는 일을 말한다냥. 우리는 드론을 원격 조종하는 거다냥.

# 원료

原 料

근원 원   헤아릴 료(요)

어떤 물건을 만드는 데
바탕이 되는 재료.

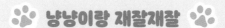

## 냥냥이랑 재잘재잘

 난 두부랑 두유랑 된장을 정말 좋아한다냥.

 모두 다 콩이 원료인 음식이구냥! 너는 콩을 좋아하는구냥!

정말이냥? 다 콩이 원료인 줄은 몰랐다냥. 그러고 보니 원산지는 대한민국이라고 하는구웅. '원료', '원산지'에 쓰인 '원'에 무슨 의미가 있는 거냥?

'원'에는 원래 본모습, 근본이라는 뜻이 있다옹.

# 간추리다

책 읽고 독서록 써 봤지?
아마 책의 내용을 요약하여 줄거리도 썼을 거야.
이렇게 글에서 중요한 점만을 골라 간단하게 정리하거나
흐트러진 것을 가지런히 하는 것을 '간추리다'라고 해.

 **알아두면 똑똑해지는 서술어 친구들!**

요약하다

**간추리다**

간략하다

정리하다

비슷한 말   반대말

## 도전! 냥냥이 퀴즈

1. 다음 중 '발효' 식품이 아닌 것은?
　① 치즈　　　② 요구르트　　　③ 된장　　　④ 물

2. 멜라닌은 우리 몸에 있는 '색소'이다. ( O, X )

3. 다음 중 '식용'을 위해 키워내고 있는 게 아닌 것은?
　① 버섯　　　② 상추　　　③ 배추　　　④ 튤립

4. 바닷물을 모아 둔 '염전'에서는 햇빛, 바람 등으로 물을 ( 가열, 증발 )
　시켜 소금을 얻는다.

5. 다음 중 코를 통한 감각을 이르는 어휘는?
　① 시각　　　② 청각　　　③ 후각　　　④ 미각

1. ④ 2. ○ 3. ④ 4. 증발 5. ③

# 공유하다

온라인 상에 과제를 올려 본 적 있어?
과제를 올려 친구들과 서로 볼 수 있게 공유했었지?
이렇게 여럿이 함께 가지거나
나누어 쓰는 것을 '공유하다'라고 해.

## 🐾 알아두면 똑똑해지는 서술어 친구들! 🐾

함께하다

**공유하다**

독차지하다

공유화하다

비슷한 말   반대말

# 12월 20일

## 🐾 도전! 냥냥이 퀴즈 🐾

1. ⬭ 란 효모나 세균 따위의 미생물이 유기물을 분해 하는 과정 또는 결과물이다.

2. ⬭ 는 물체의 색깔이 나타나도록 해 주는 물질이다.

3. ⬭ 은 먹을 것으로 씀, 또는 그런 물건을 뜻한다.

4. 소금을 만들기 위하여 바닷물을 끌어들여 논처럼 만든 곳을 ⬭ 이라고 부른다.

5. 인간이 느끼는 다섯 가지 감각은 ⬭ 이다.

## 도전! 냥냥이 퀴즈

1. 항구를 열어 다른 나라 선박의 출입을 허가함을 뜻하는 어휘는

   _____ 이다.

2. 책이나 컴퓨터 등에서 알고 싶은 것을 찾아내는 일은 _____

   _____ 이다.

3. _____ 은 사람이 사는 어떤 지방이나 지역을 뜻한다.

4. _____ 은 인터넷에서 정보를 나누거나 홍보 등을 하려

   고 꾸며 놓은 웹 사이트를 뜻하는 어휘다.

5. 무선으로 조종하는 비행기나 헬리콥터 모양으로 된 사람이 타지 않

   는 항공기는 _____ 이다.

1. 개항 2. 검색 3. 고장 4. 누리집 5. 드론

# 분리하다

쓰레기가 전부 쓸모없는 건 아니야.

종이, 유리병, 플라스틱, 금속, 알루미늄 등의 쓰레기는 다시 사용할 수 있어.

그래서 쓰레기는 꼭 종류별로 분리하여 버리는 분리수거를 해야 해.

이렇듯 서로 나누어 떨어지게 하는 것을 '분리하다'라고 말해.

## 알아두면 똑똑해지는 서술어 친구들!

나누다　　　합치다

떨어뜨리다　　분리하다

가르다　　　모으다

비슷한 말　　반대말

# 도전! 냥냥이 퀴즈

1. 다음 중 '개항'을 하는 장소는 어디일까?
   ① 지구        ② 항구        ③ 가구        ④ 야구

2. 다음 중 '검색할 때 내가 알고 싶은 말을 입력하는 공간'은?
   ① 유리창      ② 가창        ③ 떼창        ④ 검색창

3. 다음 중 '지역'과 비슷한 말은?
   ① 고기        ② 고장        ③ 고양이      ④ 고수

4. 다음 중 '홈페이지'와 같은 말은?
   ① 문집        ② 누리집      ③ 냥냥이집    ④ 댕댕이집

5. 드론은 무선 전파를 이용하여 ( 원격 조종, 원하는 조종 )되는 무인
   비행 물체를 뜻한다.

# 12월 18일

# 문지르다

너는 손을 씻을 때 비누를 사용하여 양손을 깨끗하게 문질러 닦지?
우리가 배가 아플 때는 부모님이 배를 살살 문질러 주시기도 하고 말이야.
이렇게 무엇을 서로 눌러 대고 이리저리 밀거나 비비는 것을 '문지르다'라고 해.

## 알아두면 똑똑해지는 서술어 친구들!

만지다    **문지르다**    비비다

마찰하다

 비슷한 말     반대말

# 디지털 영상 지도

| digital | 映 | 像 | 地 | 圖 |
|---|---|---|---|---|
| 디지털 | 비출 영 | 모양 상 | 땅 지 | 그림 도 |

컴퓨터나 스마트폰, 내비게이션 같은
디지털 기기에서 볼 수 있도록 한 지도.

• 정보를 숫자로 바꾸어 나타내는 방식.

## 냥냥이랑 재잘재잘

 내비게이션이 있으니 정말 편리하옹.

 '길도우미'를 말하는 거냥? '내비게이션'을 다듬어 만든 우리말이 '길도우미'다
옹. 길도우미도 디지털 영상 지도인데, 종이 지도보다 훨씬 알아보기 쉽고, 위치
를 정확하게 파악할 수 있어 편리하다옹.

# 오감

五     感

다섯 오     느낄 감

시각, 청각, 후각, 미각, 촉각의
다섯 가지 감각.

## 🐾 냥냥이랑 재잘재잘 🐾

🐱 나는 매운맛을 정말 잘 느낀다냥! 난 미각이 발달한 것 같다옹.

🐱 매운맛은 혀가 맛을 느끼는 것이 아니라 아픔을 느끼는 거다냥. 맞으면 아픈 것처럼 혀에 마늘, 고추 등 매운 것이 들어가 아픈 거다냥. 그래서 매운맛은 통증이다냥!

🐱 그래서 매운 고추를 손으로 만졌을 때도 손이 매웠구냥. 신기하다옹!

**11일**

# 목적지

## 目 的 地

눈 목    과녁 적    땅 지

목적으로 삼는 곳.

## 🐾 냥냥이랑 재잘재잘 🐾

 이 기차에 탄 모든 사람의 행선지가 부산이냥? 설마 다 해운대가 목적지?

 하하! 부산행 기차를 탔으니 모두 부산이 행선지옹. 그런데 '행선지'와 '목적지' 는 같은 말 아니냥?

 '행선지'는 가고자 하는 곳이란 뜻이니 둘이 비슷한 말이옹. '목적지'가 좀 더 구 체적인 장소를 뜻하는 것처럼 느껴진당.

# 염전

## 鹽 田

소금 염　밭 전

소금을 만들기 위하여
바닷물을 끌어들여 논처럼 만든 곳.

## 🐾 냥냥이랑 재잘재잘 🐾

옛날 로마에서는 군인이나 관리의 봉급을 소금으로 주었다고 한다옹. 실제로 일을 하고 받는 대가를 영어로 '샐러리(salary)'라고 하는데, 이 말도 병사에게 주는 소금돈이라는 라틴어에서 유래했다옹.

소금은 옛날부터 정말 중요했구냥.

우리나라 서해안은 밀물과 썰물의 차가 심하고 증발량이 많아 이런 귀한 소금을 생산하는 염전이 예전부터 발달했다옹.

# 백지도

## 白 地 圖

흰 백　　땅 지　　그림 도

기호나 글자 없이 땅의 윤곽만 그린 지도.
산, 강, 큰길 등 밑그림만 그려져 있음.

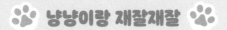

### 🐾 냥냥이랑 재잘재잘 🐾

😺 나는 지금 지도를 그리는 중이양.

😾 지도? 선만 있는데 이게 지도냥?

😺 우리가 보는 일반 지도는 지역 이름과 기호가 모두 표시되어 있지만, '백지도'는 산, 강, 큰길 등 밑그림만 그려져 있옹. 백지도를 이용하면 나만의 지도를 만들 수 있다냥!

# 식용

食 用
밥 식 　 쓸 용

먹을 것으로 씀.
또는 그런 물건.

## 🐾 냥냥이랑 재잘재잘 🐾

 두부에 '시식용'이라고 써 있는데, '식용'을 잘못 쓴 걸까냥?

 시험 삼아 먹어 보는 걸 '시식'이라고 한다냥. 파는 걸 가져와야지, 시식용 두부를 가져오면 어떻게 한다옹.

 먹는 용도인 줄은 몰랐자냥! 쳇!

 알았다옹. 마음 풀어냥.

# 실제

## 實 際

열매 실     즈음 제

일이나 형편이 정말로 그러한 것.

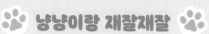

### 😺 냥냥이랑 재잘재잘 😺

 지난 주말에 내가 좋아하는 가수를 실제로 만났옹! 실제 모습을 보니까 내가 상상했던 모습과 조금 달라 보였옹.

 좋았겠다냥! 그런데 '상상'과 '실제'의 뜻이 서로 다른 거냥?

🐱 '상상'은 실제로는 없거나 보이지 않는 것을 머릿속에 떠올리는 것을 뜻하옹. '상상'과 '실제'는 서로 반대의 뜻이다냥.

# 색소

色 素

빛 색    본디 소

물체의 색깔이
나타나도록 해 주는 물질.

## 냥냥이랑 재잘재잘

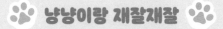

난 피부가 초록빛이고, 넌 붉다냥. 우리는 피부색이 왜 다른 거냥?

멜라닌 색소 때문이다냥.

난 초록색 색소 사탕 말고 먹은 게 없다옹!

우리 몸에도 색소가 있다옹. 멜라닌 색소의 양에 따라 피부나 머리카락, 눈동자의 색깔이 달라진다옹.

# 안내도

案 內 圖

책상 안     안 내     그림 도

어떤 곳을 안내하는 그림.

### 냥냥이랑 재잘재잘

😺 안내도가 없었으면 놀이기구가 어디에 있는지 찾기 힘들었을 거다냥.

😺 맞옹. 그래서 각 고장에는 고장 안내도가 있고, 산에는 등산 안내도가 있옹. 또 국립공원 안내도, 박물관 안내도, 미술관 안내도, 박람회 안내도…….

😺 그만! 어떤 내용을 안내하느냐에 따라 다양한 안내도가 있는 거잖냥!

😺 하하! 맞다냥. 난 네가 잘 모를까 봐 더 자세히 알려 주려고 했옹.

# 발효

술 괼 발     삭힐 효

김치, 된장, 술 같은 것이 맛이 들게 익는 것.
효모나 세균 등의 미생물이 유기물을 분해하는 과정 또는 결과물.
발효된 것이 이로우면 발효, 해로우면 부패로 구분함.

## 🐾 냥냥이랑 재잘재잘 🐾

😺 으악! 우유에서 이상한 냄새가 난다냥. 우유가 발효되었나보다냥!

😼 그럴 땐 '부패'라고 한다냥. 나쁜 세균이 우유를 상하게 한 거다냥.

😺 우유가 요구르트로 변하면 '발효되었다'고 하고, 치즈, 된장은 '발효 식품'이라고 하던데냥?

😼 미생물이 분해되어 이로움을 주게 되면 '발효', 해로움을 주면 '부패'라고 한다냥.

# 생생하다

뉴스에서 볼 수 있는 방송 기자는 현장을 직접 찾아가서 정보를 알아내.
덕분에 우리가 직접 그곳에 가지 않더라도
현장의 소식을 생생하게 느낄 수 있지.
이처럼 눈앞에 보이듯 또렷한 것을 '생생하다'라고 해.

## 🐾 알아두면 똑똑해지는 서술어 친구들! 🐾

또렷하다

**생생하다**

산뜻하다

선명하다

맑다

비슷한 말 　반대말

# 도전! 냥냥이 퀴즈

1. 물을 '가열'했을 때 물의 높이 변화를 >, =, < 로 비교한다면?

> 물이 끓기 전     (          )      물이 끓은 후

2. 다음 중 '깔때기'를 사용하여 옮길 수 <u>없는</u> 것은?
   ① 간장        ② 식용유       ③ 물         ④ 숟가락

3. 말린 차를 '거름망'에 넣어 따뜻한 물에 넣으면, 물에 ( 녹는 , 녹지 않는 ) 성분은 '거름망'을 통과한다.

4. 다음 중 '일정한 설계에 따라 여러 가지 재료를 엮어서 만든 물건'은?
   ① 구조물      ② 빗물       ③ 눈물       ④ 선물

5. 다음 중 '더미'의 뜻과 비슷하지 <u>않은</u> 것은?
   ① 낱개        ② 뭉치       ③ 산더미      ④ 무더기

1. > 2. ④ 3. 녹는 4. ① 5. ①

# 접속하다

컴퓨터로 인터넷을 사용해본 적 있지?
이때 컴퓨터가 인터넷에 연결되는 것을 '접속하다'라고 해.
서로 붙이거나 맞대어 있는 것도 '접속하다'라고 하고.
오늘 너는 어디에 접속했니?

## 🐾 알아두면 똑똑해지는 서술어 친구들! 🐾

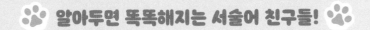

연결하다

**접속하다**

맞붙이다

잇다

비슷한 말   반대말

#  도전! 냥냥이 퀴즈

1. 어떤 물질에 열을 더하는 것을 [          ]이라고 한다.

2. [          ]는 액체를 흘리지 않게 담으려고 병 주둥이에 꽂는 나팔처럼 생긴 도구를 말한다.

3. 찌꺼기나 건더기가 있는 액체를 받쳐 찌꺼기를 걸러 내는 그물을 [          ]이라고 한다.

4. 부분이나 요소가 어떤 전체를 짜 이룸을 뜻하는 어휘는 [          ]이다.

5. [          ]는 많은 물건이 한데 모여 쌓인 큰 덩어리를 뜻한다.

# 1월 17일

## 도전! 냥냥이 퀴즈

1. 컴퓨터나 스마트폰, 내비게이션 같은 디지털 기기에서 볼 수 있도록
   한 지도는 [            ] 이다.

2. 목적으로 삼는 곳을 뜻하는 어휘는 [         ] 이다.

3. [          ] 는 산, 강, 큰길 등 밑그림만 그려져 있는 지도를
   말한다.

4. 일이나 형편이 정말로 그러함을 뜻하는 어휘는 [          ]
   이다.

5. 어떤 곳을 안내하는 그림은 [          ] 이다.

1. 디지털 영상 지도 2. 목적지 3. 백지도 4. 실제 5. 안내도

# 끈적이다

끈끈하여 척척 들러붙는 것을 '끈적이다'라고 해.
잘못 풀칠한 곳을 만져보면 끈적거려.
또 여름에 습하고 더운 날씨를 우리는 '끈적끈적한' 날씨라고 표현하기도 해.
그만큼 들러붙는다는 의미이지.

**알아두면 똑똑해지는 서술어 친구들!**

비슷한 말 | 반대말

## 도전! 냥냥이 퀴즈

1. 다음 중 '디지털 영상 지도'로 볼 수 <u>없는</u> 곳은?
   ① 우리 학교　　② 야구장　　③ 우리 아파트　　④ 내 방

2. 다음 중 '행선지'와 비슷한 말은?
   ① 땅지　　　　② 목적지　　　③ 바지　　　　④ 가지

3. 다음 중 '백지도'에 그려져 있는 것이 <u>아닌</u> 것은?
   ① 강　　　　　② 하늘　　　　③ 산　　　　　④ 큰길

4. 다음 중 '사실'과 비슷한 단어는?
   ① 실제　　　　② 실수　　　　③ 실례　　　　④ 실랑이

5. 다음 중 우리 고장을 안내하는 내용을 그린 그림은?
   ① 우리 고장 안내도　　　　② 미술관 안내도
   ③ 우리 집 안내도　　　　　④ 내 방 안내도

# 걸러내다

우리 모두 코로나19로 마스크를 오랫동안 쓰고 살았었지?
마스크는 외부의 공기에서 유해균을 걸러내주고,
안전하게 숨을 쉴 수 있도록 돕는 제품이야.
이처럼 불필요한 것을 버리고 필요한 것만 골라내는 것을 '걸러내다'라고 해.

### 알아두면 똑똑해지는 서술어 친구들!

여과하다

**걸러내다**

거르지 않다

거르다

흘려버리다

비슷한 말 | 반대말

# 위치

## 位 置

자리 위　　둘 치

일정한 곳에 자리를 차지함.

### 🐾 냥냥이랑 재잘재잘 🐾

🐱 우리 집 옆에 근사한 도서관이 자리 잡는다고 하더라냥!

🐱 오! 좋은 소식이구냥. 근데 참, '자리'와 '위치'는 뭐가 다른 거냥?

🐱 '자리'는 사람이나 사물이 있는 공간이란 뜻으로 '위치'와 뜻은 비슷하옹. 그런데 백지도에 표시할 때는 '자리'보다는 '위치'라는 단어가 어울리옹. 지도에서는 '위치'라는 단어를 주로 사용하옹.

# 더미

순우리말.
많은 물건이 한데 모여 쌓인 큰 덩어리.
더미는 고유어로, 비슷한 말로는
'무더기', '뭉치', '뭉텅이', '산더미' 등이 있음.

## 🐾 냥냥이랑 재잘재잘 🐾
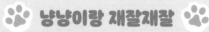

🐱 할 일이 산더미처럼 밀려 있다냥.

😺 산더미? 산이 쌓여 있는 것처럼 많냥?

🐱 응. '산더미'는 '더미'랑 비슷한 말이다냥. 물건이 많이 쌓여 있거나 어떠한 일이 많음을 비유적으로 이를 때 '산더미'라고 표현한다냥.

😺 장난감이 산더미처럼 있으면 좋겠다냥!

# 인공위성

## 人 工 衛 星

사람 인      장인 공      지킬 위      별 성

로켓으로 쏘아올려서 지구 둘레를 돌게 만든 장치.
쓰임에 따라 과학 위성, 통신 위성, 기상 위성들로 나눔.

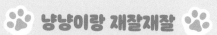 냥냥이랑 재잘재잘

🐱 인공위성 덕분에 우리는 전국 어디든지 찾아갈 수 있옹.

🐱 인공위성 덕분이라고?

🐱 인공위성에서 내비게이션으로 위치 정보를 보내 우리를 목적지로 정확하게 안
내해 주는 거양. 인공위성은 또 일기 예보에 필요한 자료를 보내 주고, 우리가
멀리 떨어진 다른 나라에서 하는 운동 경기를 집에서 생중계로 볼 수 있게 해
준다냥.

# 구조

構 造

얽을 구    지을 조

부분이나 요소가
어떤 전체를 짜 이룸.

## 😺 냥냥이랑 재잘재잘 😺

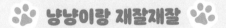

🐱 난 레고로 피라미드 구조물을 만들 거다냥.

🐱 '구조'는 알겠는데, '구조물'은 뭐냥?

🐱 '구조'는 부분이나 요소가 전체를 짜 이루는 것을 말하고, 또 설계에 따라 여러 재료를 엮어서 만든 물건을 뜻한다냥. 그렇게 만들어진 물건이나 건물을 '구조물'이라고 한다냥.

# 주요

主 要

임금 주    요긴할 요

주되고 중요함.

중심이 되면서 중요한 것.

## 🐾 냥냥이랑 재잘재잘 🐾

🐱 '주요'? 너 '중요'를 잘못 쓴 거 아니냥?

🐱 '주요'라는 단어도 있옹. '주요'는 주되고 중요하다는 뜻이고, '중요'는 귀중하고 요긴하다는 뜻이옹. 둘 다 비슷한 말이양.

🐱 그럼 우리 고장의 주요 요소를 함께 찾아 보는 건 어떠냥?

🐱 난 그보다 중요한 떡볶이 약속이 있어서 먼저 일어나겠다냥. 하하하.

# 12월     6일

# 거름망

찌꺼기나 건더기가 있는 액체를 밭쳐
찌꺼기를 걸러 내는 그물.
식물이 잘 자라도록 땅을 기름지게 하기 위하여 주는 물질이라는 뜻의
'거름'과 '그물 망(網)'을 함께 쓴 말.

##  냥냥이랑 재잘재잘

🐱 체에 밭쳐서 걸러 내는 거니까, '걸르다'가 맞는데, 내 친구가 자꾸 '거르다'가 맞다고 하지 뭐냥!

🐱 네 친구가 맞다냥.

🐱 뭐라고냥? '걸러', '걸러서', '걸러'도 '걸렀다'라고 말하잖냥.

🐱 맞다냥. 그렇게 활용되지만 기본형은 '거르다'라옹. 복잡하지옹?

# 교통수단

## 交 通 手 段

사귈 교 　 통할 통 　 손 수 　 층계 단

사람이 이동하거나
짐을 옮기는 데 쓰는 수단.

 어제 고속도로가 엄청나게 막혀서 부산에서 서울까지 올라오는 데 버스로 8시간이나 걸렸옹.

 8시간이나? 예전에는 기차로도 5시간도 더 걸렸다냥!

그때는 교통수단이 지금처럼 발달하지 않았으니 그랬다냥. 그보다 더 옛날에는 말이나 가마를 타고 갔으니 더 오래 걸렸을 거양.

# 깔때기

순우리말. 액체를 흘리지 않고 담으려고
병 주둥이에 꽂는 나팔처럼 생긴 도구.
'깔'은 고깔 모양의 모자를 뜻함.

## 🐾 냥냥이랑 재잘재잘 🐾

🐱 엄마는 '깔대기'가 맞다고 하고, 아빠는 '깔따기'가 맞다고 한다냥. 나는 '깔때기'가 맞다고 배웠는데옹. 뭐가 맞냥?

🐱 하하. '깔때기'를 '깔따기, 깔대기'라고 쓰는 경우가 있긴 하지만, '깔때기'만 표준어다냥. 네가 바르게 아는 거라옹.

🐱 역시! 나는 정답을 알고 있었구냥! '깔때기'가 맞구냥! 하하하!

🐱 하하하.

# 지형지물

| 地 | 形 | 地 | 物 |
|---|---|---|---|
| 땅 지 | 모양 형 | 땅 지 | 물건 물 |

땅의 생김새와 땅 위에 있는 모든 물체를 이르는 말.
산, 강, 도로, 철도, 하천, 건물 등을 말함.

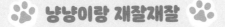
## 🐾 냥냥이랑 재잘재잘 🐾

🐱 산, 강, 도로, 하천… 저마다 땅의 생김새도 다르고 땅 위에 세워진 것도 정말 다양하다냥.

🐱 지형지물을 말하는 거냥?

🐱 지… 지형지물이 뭐냥?

🐱 땅 위에 있는 모든 것을 지형지물이라고 한다냥.

# 가열

## 加 熱

더할 가    더울 열

어떤 물질에
열을 더함.

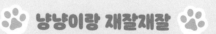

### 냥냥이랑 재잘재잘

TV에서 축구 경기를 봤는데 경기가 가열되었다고 하더라냥. 물도 아닌데 어떻게 가열되었다는 거냥? 혹시 한 어휘에 두 개의 뜻이 있냥?

'어떤 물질에 열을 '더함'과 '어떤 일에 뜨거운 관심을 보이는 것'라는 뜻이 있웅.

# 해롭다

나는 달콤한 사탕이나 쫄깃한 젤리가 좋아.
그런데 엄마는 몸에 해롭다고 많이 먹지 말라고 하셔.
이렇게 몸이나 건강에 나쁜 영향을
미치는 것을 '해롭다'라고 해.

## 🐾 알아두면 똑똑해지는 서술어 친구들! 🐾

나쁘다    **해롭다**    이롭다

좋다

유해하다    유익하다

비슷한 말   반대말

# 도전! 냥냥이 퀴즈

1. 다음 중 '분동'을 집기 위해 사용하는 것은?

  ① 손        ② 핀셋        ③ 젓가락        ④ 가위

2. 직선과 직선, 평면과 평면 따위가 서로 만나 직각을 이루는 상태를 '수평'이라고 한다. ( O, X )

3. (          )은 밖에서 힘을 받으면 원래의 형태로 돌아가려는 성질이 있다.

4. 달에는 ( 중력, 무게 )이기 때문에 몸무게가 줄어든다.

5. 끈에 매달려 늘어진 물건을 통틀어 (          )라고 한다.

1. ② 2. X 3. 용수철 4. 중력 5. 추

**1월** **25일**

# 이동하다

너는 체육 시간을 좋아하니?

체육 수업은 어디에서 하니?

교실이 아닌 운동장이나 체육관으로 이동해서 하지?

이렇게 움직여 다른 데로 옮기는 것을 '이동하다'라고 해.

## 🐾 알아두면 똑똑해지는 서술어 친구들! 🐾

움직이다

**이동하다**

옮기다

 비슷한 말  반대말

# 12월 2일

##  도전! 냥냥이 퀴즈

1. 양팔 저울로 무게를 잴 때 한쪽 접시에 올리는 추는 ⬭ ⬭이다.

2. ⬭은 기울지 않고 평평한 상태를 말한다.

3. 나사꼴로 빙빙 감아 늘고 주는 힘이 강한 쇠줄은 ⬭ 이다.

4. ⬭은 지구 위의 물체가 지구로부터 받는 힘을 말한다.

5. 무게를 달려고 저울대 한쪽에 걸거나 저울판에 올려놓는 일정한 무게의 쇠를 의미하는 어휘는 ⬭이다.

1. 분동 2. 수평 3. 용수철 4. 중력 5. 추

**1월** **26일**

## 도전! 냥냥이 퀴즈

1. 일정한 곳에 자리를 차지하는 것을 뜻하는 어휘는 ⬚⬚⬚ 이다.

2. ⬚⬚⬚ 은 로켓으로 쏘아올려서 지구 둘레를 돌게 만든 장치를 말한다.

3. ⬚⬚⬚ 는 주되고 중요함을 뜻하는 어휘이다.

4. ⬚⬚⬚ 은 사람이 이동하거나 짐을 옮기는 데 쓰는 수단을 뜻한다.

5. 땅의 생김새와 땅 위에 있는 모든 물체를 이르는 말은 ⬚⬚⬚ 이다.

# 반복하다

같은 일을 다시 하는 것을 '반복하다'라고 해.
우리가 지금 반복하고 있는 것에는 무엇이 있을까?
아침마다 양치를 하고, 식사를 하는 것을 두고
'양치'를 반복한다', '식사를 반복한다'라고 표현할 수 있어.

## 🐾 알아두면 똑똑해지는 서술어 친구들! 🐾

되풀이하다　　　　**반복하다**　　　거듭하다

되뇌다

비슷한 말　　반대말

## 도전! 냥냥이 퀴즈

1. 다음 중 '자리'와 의미가 비슷한 말은?
   ① 위험       ② 위치       ③ 위반하다       ④ 위하다

2. 우리는 인공위성이 있어 먼 나라에서 하는 운동 경기를 생중계로 볼
   수 있다. ( O, X )

3. 다음 중 '중요'와 비슷한 말은?
   ① 주말       ② 동요       ③ 주요       ④ 중국

4. 다음 중 오늘날의 '교통수단'이 <u>아닌</u> 것은?
   ① 가마       ② 비행기       ③ 승용차       ④ 고속 열차

5. 다음 중 '지형지물'이 <u>아닌</u> 것은?
   ① 산       ② 강       ③ 다리       ④ 하늘

# 매달다

크리스마스가 되면 트리에 예쁜 장식을 매달아.
이렇게 줄이나 끈, 실로 매어서
달려 있게 하는 것을 '매달다'라고 해.
주변에 매달려 있는 것들을 찾아볼래?

 **알아두면 똑똑해지는 서술어 친구들!**

달아매다

**매달다**

걸다

잡아매다

비슷한 말   반대말

# 고유

固 有

굳을 고    있을 유

옛날부터 지녀온 것.
또는 오로지 어떤 것에만 있는 것.

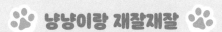

## 냥냥이랑 재잘재잘

 쿵덕덕쿵덕덕! 우리나라 장구는 고유의 소리가 나서 좋아!

 '고유'가 아니라 '특유'한 소리양. '특유'는 일정한 사물만이 특별히 갖추고 있는
것을 말해.

 우리 고유의 악기인 장구는 '특유'한 소리가 난다라고 해야겠구냥.

# 추

**錘**

저울추 추

무게를 달려고 저울대 한쪽에 걸거나
저울판에 올려놓는 일정한 무게의 쇠.

## 🐾 냥냥이랑 재잘재잘 🐾

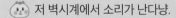

 저 벽시계에서 소리가 난다냥.

벽시계의 추가 움직이는 소리다냥. 끈에 매달려 늘어진 물건을 통틀어 '추'라고
하는데 그 추가 일정하게 움직이면서 시간을 바꾼다옹.

저 벽시계의 추가 움직이는 소리가 들리지 않으면 고장이 난 거겠구냥.

맞다옹!

# 답사

## 踏 査

밟을 답    조사할 사

현장에 가서
직접 보고 조사함.

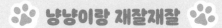

### 🐾 냥냥이랑 재잘재잘 🐾

🐱 신난다냥! 오늘 사전 답사 때문에 선생님께서 학교를 일찍 끝내 주셨옹!

🐱 네가 사전 답사를 가냥?

🐱 담임선생님께서 가신다옹. 우리 학교 학생들이 답사를 가기 전에 미리 현장에 다녀오는 일을 사전 답사라고 하옹. 선생님께서 사전답사를 하러 가셔야 하니까 일찍 끝난 거얌.

🐱 한 달 후에 갈 식물원 답사가 정말 기대된당!

# 중력

## 重 力

무거울 중    힘 력

지구 위의 물체가
지구로부터 받는 힘.

## 🐾 냥냥이랑 재잘재잘 🐾

 달에서는 몸무게가 6분의 1로 줄어드는 거 알고 있냥?

 정말이냥? 간만에 좋은 소식이다옹. 그런데 달에서는 고기 한 근의 양도 줄어 들겠다냥. 그건 싫다냥.

 하하. 걱정 마라냥. 질량은 물체 고유의 변하지 않는 양으로 그 값이 달라지지 않는다냥. 무게는 중력이 물체를 끌어당기는 힘의 크기를 말하기 때문에 장소 에 따라 달라지는 거다냥.

# 면담

面 談

낯 면    말씀 담

서로 얼굴을 보고
만나서 이야기함.

## 😸 냥냥이랑 재잘재잘 😸

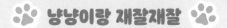

🐱 나 내일 의사 선생님과 면담하기로 했다냥.

😺 '상담'이 아니고 '면담'?

🐱 얼굴 보고 이야기하면 다 면담 아니냥?

😺 둘 다 비슷한 말이지만, '면담'은 얼굴을 보고 서로 만나서 이야기하는 거고, '상담'은 문제를 해결하기 위해 서로 의논하는 거다냥.

# 용수철

## 龍 鬚 鐵

용 용     수염 수     쇠 철

나사꼴로 빙빙 감아
늘고 주는 힘이 강한 쇠줄.

### 🐾 냥냥이랑 재잘재잘 🐾

와! 스카이 콩콩은 정말 재미있다냥. 이렇게 높이 뛰어 오를 수도 있고냥. 그런데 어떻게 이렇게 잘 튀어 오를까냥?

용수철의 탄력 때문이다냥. 용수철은 밖에서 힘을 받으면 원래의 형태로 돌아가려고 한다냥.

와 힘을 받아 줄어들었다가 다시 원래 상태로 늘어나면서 위로 튀어오르는 거구냥!

# 명물

名 物

이름 명　　물건 물

어떤 지방의 이름난 사물.

## 🐾 냥냥이랑 재잘재잘 🐾

천안의 명물은 호두과자, 전주의 명물은 전주비빔밥! 명물은 다 먹는 거냥?

하하. 그런 건 아니다옹. 음식뿐만 아니라 건축물, 물건, 동식물 등 그 지방의 이름난 거면 다 '명물'이 될 수 있다냥.

강화도는 인삼이 '명물'이면서 '특산물'이라던데, 그건 뭐냥?

'특산물'은 그 지역에서 특별히 생산되는 것을 말한다냥. 명물의 범위가 더 크다냥.

# 수평

## 水 平

물 수    평평할 평

기울지 않고
평평한 상태.

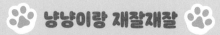

### 🐾 냥냥이랑 재잘재잘 🐾

수평으로 잘 쌓아 올려야 한다냥. 알았냥?

너 혹시 '수직'으로 쌓으라는 말을 잘못 말한 거 아니냥?

위로 쌓는 게 '수평' 아니냥?

'수평'은 평평한 상태, '수직'은 똑바로 세워진 상태다냥. 더 정확히 말하면, '수직'이란 직선과 직선, 평면과 평면 따위가 만나 직각을 이루는 것이옹.

**2월** **1일**

# 무형

없을 **무**   모양 **형**

겉으로 드러나 보이는
형체가 없음.

## 🐾 냥냥이랑 재잘재잘 🐾

 어제 경주에서 석굴암을 봤냥? 무형 문화재라던뎅?

 석굴암은 유형 문화재양. 형태가 있는 것은 '유형', 형태가 없는 것은 '무형'!

 한자를 떠올리면 쉽구냥! '없을 무'는 무형, '있을 유'는 유형!

 맞앙. 무형 문화재는 형태가 없는 음악, 놀이, 기술 등이고, 유형 문화재는 형태가 있는 그림, 책, 건축물 같은 것이양.

# 분동

分 銅

나눌 분    구리 동

양파 저울로 무게를 잴 때
한쪽 접시에 올리는 추.

## 😺 냥냥이랑 재잘재잘 😺

🐱 잠깐! 분동을 손으로 잡으면 안 된다냥! 분동을 손으로 잡으면, 분동에 손의 이물질이 묻어 부식되거나 이물질 때문에 분동의 질량이 변할 수 있옹! 그래서 정확한 측정이 어려울 수 있다냥!

🐱 그럼 어떻게 하냥? 만질 수 없으면 어떻게 분동을 사용하냥?

🐱 하하! 핀셋으로 잡으면 된다냥.

## 2월 2일

# 가치 있다

네가 가지고 있는 물건 중에서 낡고 오래되었지만 버리지 않고
간직하고 있는 물건이 있니? 아마도 그런 물건은
네게 쓸모가 있거나 의미가 있는 것이라 버리지 못한 것이겠지?
이렇게 사물이 쓸모가 있거나 의미있는 것을 '가치 있다'라고 해.
너에게 가치 있는 물건에는 뭐가 있을까?

 알아두면 똑똑해지는 서술어 친구들!

의미 있다

 가치 있다

 쓸모 있다

비슷한 말  반대말

## 도전! 냥냥이 퀴즈

1. 다음 중 '종자'라는 어휘를 쓸 수 <u>없는</u> 것은?
   ① 옥수수       ② 벼         ③ 사과       ④ 장난감

2. 페트리 접시 위에 ( 탈지면, 탈피면 )을 깔고 강낭콩을 키워 싹이 트
   는 것을 관찰합니다.

3. ㎏, g은 ( 길이, 무게 )의 '단위'이다.

4. 다음 중 '받침점'을 찾을 수 있는 놀이기구는?
   ① 그네         ② 시소         ③ 미끄럼틀       ④ 징검다리

5. 용수철저울에 물체를 매달기 전, 용수철저울의 눈금을 보고 측정할
   수 있는 무게의 (                )를 확인한다.

# 2월 3일

# 간직하다

너는 친구에게 받은 편지와 선물을 간직하고 있니?
이것을 잘 간직하는 것은 선물을 준 사람에게 기쁜 일이겠지?
이렇게 물건을 어떤 장소에 잘 두거나
생각이나 기억을 마음속에 깊이 새겨 두는 것을 '간직하다'라고 해.

## 알아두면 똑똑해지는 서술어 친구들!

잘 두다

**간직하다**

새기다

지니다

비슷한 말 | 반대말

## 도전! 냥냥이 퀴즈

1. [      ]란 식물에서 나온 씨, 또는 씨앗을 말한다.

2. [      ]은 상처나 수술하는 데 쓰려고 기름기와 균을 제거한 깨끗한 솜을 말한다.

3. 길이, 무게, 수효, 시간 등을 재는 데 바탕이 되는 기준을 [      ]라고 한다.

4. [      ]은 물체를 떠받치는 지렛대를 괴는 점을 의미한다.

5. 어떤 것이 정해지거나 미치는 테두리라는 뜻의 어휘는 [      ]다.

1. 종자 2. 탈지면 3. 단위 4. 받침점 5. 범위

# 2월 4일

## 🐾 도전! 냥냥이 퀴즈 🐾

1. [          ]는 옛날부터 지녀온 것이라는 뜻의 어휘다.

2. 현장에 직접 가서 보고 조사하는 것은 [          ]다.

3. [          ]은 서로 만나서 얼굴을 보고 이야기함을 뜻한다.

4. 어떤 지방의 이름난 사물이라는 뜻을 가진 어휘는 [          ]이다.

5. [          ]은 겉으로 드러나 보이는 형체가 없음을 뜻하는 어휘다.

1. 고유 2. 답사 3. 면담 4. 명물 5. 무형

# 기울다

'기울다'는 비스듬하게 한쪽이 낮아지거나 비뚤어진 것을 말해.
배를 탔을 때 파도가 치거나, 차를 탔을 때 고르지 못한 도로 때문에
한쪽으로 기울어지는 느낌을 받았던 경험이 있을 거야.
또는 벽에 걸려 있는 작품이나 그림이 비뚤어진 경우도 '기울다'라고 해.

## 🐾 알아두면 똑똑해지는 서술어 친구들! 🐾

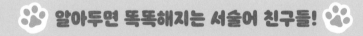

치우치다

똑바르다

기울다

평평하다

쏠리다

비슷한 말 | 반대말

## 도전! 냥냥이 퀴즈

1. 우리나라 '고유'의 문자는 영어다. ( O, X )

2. 다음 중 '답사를 하기 전에 미리 상황을 검토하러 현장에 다녀오는 일'은?
   ① 영어 사전    ② 국어 사전    ③ 백과 사전    ④ 사전 답사

3. 다음 중 '상담'과 비슷한 말은?
   ① 담요    ② 농담    ③ 속담    ④ 면담

4. 전주의 '명물'은 전주비빔밥이다. ( O, X )

5. 다음 중 '무형' 문화재가 될 수 없는 것은?
   ① 석굴암    ② 음악    ③ 놀이    ④ 기술

1. X 2. ④ 3. ④ 4. ○ 5. ①

# 11월 21일

# 고정하다

표지판이 흔들리면 사람들 눈에 잘 안 보이기도 하고 위험하기도 해서
잘 고정해야 해. 이처럼 한곳에 꼭 붙어 있거나 붙어 있게 하는 것을
'고정하다'라고 해. 선생님께서 교실 뒤편 게시판에
반 친구들이 만든 작품도 압정이나 테이프로 고정해 주시지?

 **알아두면 똑똑해지는 서술어 친구들!**

꽂다

고정되지 않다

고착하다

**고정하다**

붙어 있지 않다

흔들리다

비슷한 말 반대말

# 문화유산

## 文 化 遺 産

글월 문    될 화    남길 유    낳을 산

여러 문화 중에서
다음 세대에게 물려줄 만한 가치가 있는 것.

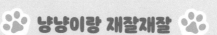 냥냥이랑 재잘재잘

불국사는 우리의 문화유산이면서 세계 문화유산이냥?

맞옹. 세계 문화유산은 유네스코에서 전 세계인을 위해 보호해야 할 보편적인
가치가 있다고 인정한 문화유산이옹. 우리나라에서는 석굴암과 불국사, 합천
해인사 장경판전, 종묘가 지정되었옹.

와! 세계적으로 인정받았다고 하니 더 자랑스럽다냥!

# 범위

範 圍

법 범　　에워쌀 위

어떤 것이 정해지거나
미치는 테두리.

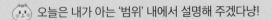

## 🐾 냥냥이랑 재잘재잘 🐾

 오늘은 내가 아는 '범위' 내에서 설명해 주겠다냥!

 아니옹. 나는 네 설명은 안 들을 거다냥. 이미 '범위 내에서'라는 말부터 틀렸다냥.

🐱 그게 무슨 말이냥? 왜 그러냥?

🐱 '범위'라는 건 테두리가 정하여진 구역이라는 뜻이옹. 그래서 '범위 내'에서라고
쓰면 중복된 표현이다냥. '범위에서'라고 써야 맞는 표현이다냥.

# 문화재청

## 文 化 財 廳

글월 문 　 될 화 　 재물 재 　 관청 청

문화재를 잘 지켜서 후손에게
그대로 물려주는 일을 맡아보는 행정기관.

## 🐾 냥냥이랑 재잘재잘 🐾
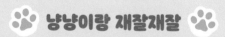

🐱 서울 숭례문이 문화재라는 거 알고 있냥?

🐱 당연하옹. 숭례문이 우리나라의 국보 1호이잖옹.

🐱 그럼 혹시 숭례문을 문화재청에서 관리한다는 것도 알고 있옹?

🐱 문화재를 관리하는 곳이 문화재청이니 문화재청에서 관리하겠구냥.

# 받침점

물체를 떠받치는 지렛대를 괴는 점.
어떤 것을 다른 것 위에 놓거나 겹쳐서 댄다는 뜻의
'받침'과 '점 점(點)'을 함께 쓴 말.

---

  **냥냥이랑 재잘재잘**

🐱 나 손가락 하나로 접시를 잘 돌리지 않냥?

🐱 깨지면 어떻게 하냥? 위험하잖냥?

🐱 하하! 플라스틱 접시라 괜찮옹. 그리고 내가 받침점을 잘 찾았다냥. 하하!

🐱 '바치다'는 신이나 웃어른께 정중하게 무언가를 드릴 때 '바치다'라고 한다냥.
물건의 밑이나 옆에 다른 물체를 대는 것은 '받친다'고 한다냥.

# 민담

## 民 譚

백성 민    말씀 담

입에서 입으로 전해
내려오는 이야기.

## 🐾 냥냥이랑 재잘재잘 🐾

🐰 옛날이야기 '콩쥐팥쥐'와 '곶감과 호랑이'를 쓴 사람은 누구다냥?

🐱 옛날부터 입에서 입으로 전해진 이야기라 누가 지었는지 알 수 없옹. 이런 이야기를 '민담'이라고 한다냥.

🐱 입에서 입으로 전해져 내려오는 이야기는 '설화' 아니냥?

🐱 '설화'는 민담, 전설, 신화까지 모두 포함한다냥. 설화도 재미있는 게 많다냥.

# 단위

## 單 位

홑 단     자리 위

길이, 무게, 수효, 시간 등을
재는 데 바탕이 되는 기준.

## 🐾 냥냥이랑 재잘재잘 🐾

 할머니께서 정육점에서 소고기 한 근을 사 오라고 하셨옹. '몇 그램'도 아니고 '근'이라니 무슨 말인지 모르겠다냥. 도대체 '근'이 뭐냥?

 하하! 근도 무게를 표시하는 단위다냥. 고기 한 근이 600그램이라옹. 예전에는 '근'이라는 단위를 많이 사용했어옹.

 와! 단위에는 여러 종류가 있구냥!

# 유래

由 來

말미암을 유   올 래

일이나 물건이 옛날부터
이어져 내려온 과정이나 역사나 바탕.

## 🐾 냥냥이랑 재잘재잘 🐾

이 음식은 조선 시대 때 유래한 거다냥.

그럼 이 음식의 기원은 뭐냥?

'기원'? '기원'과 '유래'는 같은 말 아니냥?

'기원'은 사물이 처음으로 생긴 것을 말하옹. 맨 처음 유래한 것을 뜻한다냥.

# 탈지면

## 脫 脂 綿

벗을 **탈**    기름 **지**    솜 **면**

상처나 수술하는 데 쓰려고
기름기와 균을 없앤 깨끗한 솜.

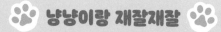

### 냥냥이랑 재잘재잘

 우리 집에서 키우는 도마뱀의 껍질이 벗겨졌다냥. 탈지면으로 소독해 줄까냥?

 으악! 도마뱀이 다친 거냥? 껍질이 벗겨졌다고냥?

하하. 놀랄 거 없다냥. 파충류나 곤충류 따위는 성장함에 따라 허물이나 표피를 벗는 데 그것을 '탈피'라고 한다냥. 우리 집 도마뱀은 성장하는 중이니까 탈지면으로 소독할 필요는 없다냥.

휴, 놀랐잖옹!

# 유형

## 有 形

있을 유　모양 형

모양이 있는 것.
'무형'의 반대말.

## 🐾 냥냥이랑 재잘재잘 🐾

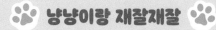

😺 석굴암이나 불국사 같은 유형 문화재를 내가 만들기는 어렵고, 내가 무형 문화재가 되어야겠다냥.

😼 뭐라냥? '유형'은 모양이 있고, '무형'은 모양이 없는 걸 뜻하는 건 알겠는데, 그렇다고 네가 어떻게 무형 문화재가 된다는 거냥?

😺 네가 나를 문화재로 여겨주면 되잖냥. 하하!

# 종자

## 種 子

씨 **종**     아들 **자**

식물에서 나온 씨
또는 씨앗.

## 🐾 냥냥이랑 재잘재잘 🐾

🐱 '종자'는 씨앗을 의미하니까, 식물에만 쓸 수 있냥?

🐱 동물의 혈통이나 품종 또는 그로부터 번식된 새끼도 '종자'라고 하옹.

🐱 그럼 나는 '종자'가 좋은 고양이라고 말할 수 있겠다냥. 하하!

🐱 고양이에게는 쓸 수 있는데, 사람에게는 쓰지 않는다냥. 사람에게 쓰면 사람의
혈통을 낮잡아서 부르는 말이라고 여겨진다냥.

# 드러나다

비가 그치고 구름이 걷히면
해가 나타나는 걸 본 적 있지?
이렇게 예전에는 보이지 않던 것이 보이게 되거나
알려지지 않았던 사실이 널리 밝혀지는 것을 '드러나다'라고 해.

## 🐾 알아두면 똑똑해지는 서술어 친구들! 🐾

나타나다

밝혀지다

보이다

알려지다

비슷한 말 | 반대말

## 도전! 냥냥이 퀴즈

1. 다음 중 잎을 이루고 있는 구조가 <u>아닌</u> 것은?
  ① 잎몸        ② 잎맥        ③ 잎자루        ④ 빗자루

2. '씨드뱅크'는 ( 씨앗, 식물 )을 보관하는 은행이다.

3. 다음 중 물에 잘 번지지 않는 성질의 펜은?
  ① 유성펜      ② 수성펜      ③ 연필        ④ 먹물

4. 다음 중 '인공'과 어울리지 않는 어휘는?
  ① 호흡        ② 지능        ③ 관절        ④ 부모님

5. 온실에서 키운 딸기는 온실 바깥에서 '재배'한 것보다 열매가 빨리
  열린다. ( O, X )

1. ④ 2. 씨앗 3. ① 4. ④ 5. ○

# 2월 12일

# 보존하다

박물관에 가 본 적 있지?
박물관에는 우리 조상의 문화유산이 잘 보존되어 있어.
이렇게 사람이 잘 보호하고 지켜서
남아 있게 하는 것을 '보존하다'라고 해.

## 알아두면 똑똑해지는 서술어 친구들!

보호하다

**보존하다**

지키다

보전하다

비슷한 말　반대말

## 도전! 냥냥이 퀴즈

1. 떡잎 뒤에 나오는 잎은 [          ]이다.

2. [          ]는 끝없이 이어지는 것을 뜻한다.

3. [          ]은 기름의 성질을 의미한다.

4. 사람이 하는 일 또는 사람의 힘으로 만든 것을 뜻하는 어휘는 [          ]이다.

5. [          ]는 식물을 심어 가꾸는 것이다.

**2월** **13일**

## 🐾 도전! 냥냥이 퀴즈 🐾

1. [ ]은 여러 문화 중에서 다음 세대에게 물려줄 만한 가치가 있는 것을 말한다.

2. 문화재를 잘 지켜서 후손에게 그대로 물려주는 일을 맡아보는 행정 기관은 [ ]이다.

3. [ ]은 예로부터 입에서 입으로 전해 내려오는 이야기를 말한다.

4. 일이나 물건이 옛날부터 이어져 내려온 고사성어나 역사나 바탕을 [ ]라고 한다.

5. [ ]은 모양이 있는 것을 말한다.

# 살펴보다

무엇을 대충 훑어보는 게 아니라 자세히 볼 때 있지?
잃어버린 물건을 찾으려면 두루두루 자세히 보게 될 텐데,
그럴 때 '살펴보다'라고 해.
두루두루 자세히 보는 것을 뜻하는 어휘야.

 알아두면 똑똑해지는 서술어 친구들!

알아보다

둘러보다

**살펴보다**

훑어보다

살피다

비슷한 말   반대말

## 도전! 냥냥이 퀴즈

1. 다음 중 '문화유산'이라고 할 수 있는 것은?

　① 문어　　　　② 석굴암　　　③ 문제　　　　④ 문장

2. 문화재청은 문화재를 관리하고 보존하는 일을 하는 곳이다. ( O, X )

3. 다음 중 '설화'와 비슷한 말은?

　① 고민　　　　② 비타민　　　③ 민어　　　　④ 민담

4. 다음 중 '기원'과 비슷한 말은?

　① 유명　　　　② 유리창　　　③ 유래　　　　④ 유형

5. 다음 중 '무형'의 반대말은?

　① 인형　　　　② 형님　　　　③ 균형　　　　④ 유형

# 미치다

TV 광고를 보면 그 물건이 사고 싶지?
왜냐하면 우리가 보는 광고는 무의식적으로
우리에게 큰 영향을 미치기 때문에 그렇게 되는 거야.
'미치다'는 영향이나 작용이 대상에 가하여지는 것을 말해.

 **알아두면 똑똑해지는 서술어 친구들!**

다다르다

닿다

**미치다**

영향이 없다

비슷한 말 | 반대말

# 자긍심

## 自 矜 心

스스로 자 · 자랑할 긍 · 마음 심

자기 스스로를 자랑스럽게
생각하는 마음.

## 🐾 냥냥이랑 재잘재잘 🐾

🐱 외국인이 BTS 춤을 따라 추면, 한국인으로서 자긍심이 느껴지옹.

🐱 나도! 또 노력 끝에 메달을 딴 국가대표 선수를 보면 자부심이 대단해 보인다냥.

🐱 '자긍심'은 알겠는데, '자부심'은 뭐다냥?

🐱 '자긍심'과 '자부심'은 비슷한 말이양. '자부심'은 자신의 가치와 능력을 믿고 당
당히 여기는 마음을 뜻해.

# 재배

## 栽 培

심을 재　북을 돋울 배

식물을 심어
가꿈.

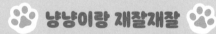

### 냥냥이랑 재잘재잘

 나 이번에는 반드시 토마토 제배에 성공할 거다냥.

 '제배'는 나이나 신분이 서로 같거나 비슷한 사람을 말한다냥. 식물을 키우는 것은 '재배'라고 쓰는 게 맞다냥.

 아, 우리 사이가 제배인 거구냥!

# 자연환경

## 自 然 環 境

스스로 자   그러할 연   고리 환   지경 경

산, 강, 바다처럼
자연이 이룬 환경.

### 🐾 냥냥이랑 재잘재잘 🐾

 내가 살고 있는 도시는 자연환경이 많이 발달한 곳이양.

 너, '자연환경'이 아니고 '인문 환경' 말하려는 거 아니냥? '자연환경'은 햇빛, 공기, 산, 강, 바다 등 자연의 요소가 어우러진 환경을 말하옹. 반면에 '인문 환경'은 집을 짓거나 길을 내는 등 사람이 만든 환경을 말하옹.

🐱 오, 그렇구냥!

# 인공

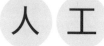

人 工

사람 인    장인 공

사람이 하는 일.
또는 사람의 힘으로 만든 것.

## 😺 냥냥이랑 재잘재잘 😺

 이런, 누가 냉장고에 식물을 넣어두었다냥! 다 얼어 죽겠다냥. 빨리 꺼내주자냥.

 그건 냉장고가 아니라 인공지능 식물 재배기다냥. 인공지능 기술을 활용하여 식물을 손쉽게 재배하는 거다냥.

 와! 과학기술은 정말 대단하다냥. 점점 더 인공으로 하는 게 많아지고 있다냥.

# 전통

## 傳 統

전할 전 　거느릴 통

한 집단에 옛날부터
이어져 내려오는 것.

 **냥냥이랑 재잘재잘**

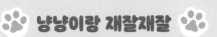 난 이번 설날에 떡국을 먹고, 민속촌에서 전통 문화 체험을 했어.

'전통 음식'은 알겠는데, '전통 문화'는 뭐냥?

'전통 음식'은 오래전부터 전해 내려오는 음식이고, '전통 문화'는 그 나라에서
발생하여 전해 내려오는 그 나라의 고유한 문화양. 판소리나 탈춤이 전통 문화
다냥.

# 유성

## 油 性

기름 유    성품 성

기름의 성질.

## 🐾 냥냥이랑 재잘재잘 🐾

🐱 어쩌냥! 교과서에 이름을 썼는데, 자꾸 번진다냥.

🐱 이름을 수성펜으로 써서 그렇다냥. 유성펜을 써 보라냥. 유성펜의 필기감은 수성펜에 비해 떨어지지만 물에 잘 번지지 않는다냥. 기름의 성질을 가지고 있기 때문이다냥.

🐱 물건에 이름을 쓸 때는 수성 사인펜이 아니라 유성 네임펜이 좋겠구냥!

🐱 맞다냥!

# 지명

## 地 名

땅 지    이름 명

나라, 도시, 마을,
산, 강 등의 이름.

## 🐾 냥냥이랑 재잘재잘 🐾

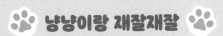

퀴즈다냥! 효자가 살았던 마을의 이름은?

효자동이냥?

정답! 그럼 햇볕이 잘 드는 양지에 있는 마을의 이름은?

양촌리! 우리 할머니 댁이 양촌리다냥! 하하.

# 영구

## 永 久

길 영      오랠 구

끝없이 이어지는 것.
또는 오랫동안 변하지 않는 것.

### 냥냥이랑 재잘재잘

 너 오늘 씨드뱅크에 다녀왔냥?

무슨 은행? 처음 들어보는 은행이다냥.

 씨드뱅크는 말 그대로 씨앗을 보관하는 은행이옹. 식물에 이상이 생겼을 때 다시
발아시켜 식물을 복원시킬 수 있도록 만든 것이옹. 씨드뱅크에는 씨앗을 '영구'적
으로 보관할 수 있다냥.

# 풍습

## 風 習

바람 풍    익힐 습

풍속과 습관.

## 🐾 냥냥이랑 재잘재잘 🐾

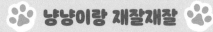

🐱 '풍습', '풍속', '관습'은 서로 비슷해서 헷갈린다냥. 어떻게 구별하면 좋을까냥?

🐱 '풍습'은 풍속과 습관을 더불어 이르는 말이양. '풍속'은 옛날부터 그 사회에 전해오는 생활 습관이양. '관습'은 어떤 사회에서 오랫동안 지켜 내려와 굳어진 풍습이나 생활 방식이양.

🐱 어쩌냥! 풍습, 풍속, 관습의 뜻을 알고 나니 더 헷갈린다냥!

# 본잎

떡잎 뒤에 나오는 잎.
'본'은 '근본 본(本)',
'잎'은 이파리를 뜻함.

## 😺 냥냥이랑 재잘재잘 😺

 이 잎을 부채로 써야겠다옹!

 넓적한 잎몸과 길쭉한 잎자루를 보니 딱 부채 모양이옹!

 맞다냥. 이 잎의 잎몸은 햇빛을 받기 쉽도록 편평한 모양으로 되어 있옹. 잎맥은 잎의 형태를 유지해 주고, 물을 전달해 준다옹. 또 잎자루는 잎몸과 줄기를 연결하는 부분으로, 잎자루와 줄기가 만나는 곳에 턱잎이 달리기도 한다옹. 나에게는 최고의 부채라옹!

# 2월 20일

# 인식하다

너희 집에서도 분리수거를 하고 있지? 우리는 보통 환경을 보호하기 위해
재활용 가능한 것과 그렇지 않은 것으로 분류하여
쓰레기를 버리잖아. 분리수거는 환경 보호의 중요함을 인식하고
하는 행동이야. 이렇게 깨달아 아는 것을 '인식하다'라고 해.

## 🐾 알아두면 똑똑해지는 서술어 친구들! 🐾

깨닫다

**인식하다**

알다

느끼다

비슷한 말   반대말

## 도전! 냥냥이 퀴즈

1. '화석'이 되려면 생물이 퇴적물 ( 속, 밖 )에 천천히 묻혀야 한다.

2. 다음 중 강낭콩 '꼬투리' 안에 들어 있는 것은?
   ① 강낭콩        ② 깨        ③ 쌀        ④ 완두콩

3. '떡잎'이 두 장인 식물을 쌍떡잎식물이라고 한다. ( O, X )

4. 다음 중 '새순'에서의 '새'와 같이 '새로운' 의미를 가진 어휘는?
   ① 참새        ② 새댁        ③ 새참        ④ 새우

5. 다음 중 '수확'할 수 없는 것은?
   ① 감자        ② 고구마        ③ 고추        ④ 고래

1. 속 2. ① 3. ○ 4. ② 5. ④

**2월** **21일**

# 파악하다

너는 용돈이 필요할 때 어떻게 해? 아마도 엄마, 아빠께 말씀드리겠지?

그때 엄마, 아빠의 말이나 표정, 기분을 잘 살핀 후

말씀드린다면 기분 좋게 용돈을 받을 수 있을 거야.

이렇게 형편이나 내용 같은 것을 분명하게 아는 것을 '파악하다'라고 해.

 **알아두면 똑똑해지는 서술어 친구들!**

이해하다

**파악하다**

알다

헤아리다

비슷한 말 · 반대말

**11월**           **5일**

## 🐾 도전! 냥냥이 퀴즈 🐾

1. _____은 옛날에 살았던 동물이나 식물이 땅속에 묻혀 돌처럼 굳은 것을 말한다.

2. 콩과식물의 씨앗을 싸고 있는 껍질을 _____라고 부른다.

3. 씨앗이 싹 터서 처음 나오는 잎은 _____이다.

4. 새로 돋아나는 순을 _____이라고 한다.

5. _____은 익은 곡식이나 채소 같은 것을 거두어들이는 것을 뜻하는 어휘이다.

**2월** **22일**

1. ⬚⬚⬚⬚⬚은 스스로를 자랑스럽게 생각하는 마음이다.

2. 산, 강, 바다처럼 자연이 이룬 환경을 뜻하는 어휘는 ⬚⬚⬚⬚⬚
⬚⬚⬚⬚⬚이다.

3. 한 집단에 옛날부터 이어져 내려오는 것은 ⬚⬚⬚⬚⬚이다.

4. ⬚⬚⬚⬚⬚은 나라, 도시, 마을이나 지방, 산이나 강 등에 붙
여진 이름이다.

5. ⬚⬚⬚⬚⬚은 풍속과 습관을 아울러 이르는 말이다.

# 늘어서다

코로나19가 한창 유행했을 때 검사를 받기 위해
사람들이 끝도 없이 줄 선 사람들을 본 적 있을 거야.
놀이공원에서 놀이기구를 타기 위해
길게 줄지어 있는 사람들을 봤을 수도 있고.
이처럼 길게 줄지어 서는 것을 '늘어서다'라고 해.

##  알아두면 똑똑해지는 서술어 친구들!

도열하다

정렬되다

**늘어서다**

나립하다

비슷한 말 | 반대말

**2월**　　　　　　　　　　**23일**

## 도전! 냥냥이 퀴즈

1. 다음 중 '자부심'과 비슷한 말은?
   ① 자전거　　　② 자동차　　　③ 도자기　　　④ 자긍심

2. 다음 중 '자연환경'이 <u>아닌</u> 것은?
   ① 바다　　　② 강　　　③ 산　　　④ 놀이공원

3. 다음 중 우리나라의 '전통 문화'인 것은?
   ① 스마트폰 게임　　② 자전거 타기　　③ 슬라임　　④ 판소리

4. 다음 중 '지명'이라고 할 수 <u>없는</u> 것은?
   ① 마을 이름　　② 산 이름　　③ 강 이름　　④ 내 이름

5. 다음 중 '풍속'과 비슷한 말은?
   ① 풍습　　　② 태풍　　　③ 단풍　　　④ 풍경

# 나란하다

신발을 정리할 때는 한 짝씩 따로 두지 않고
두 짝을 가지런히 놓아야 해.
이처럼 여럿이 줄지어 늘어선 모양이 가지런한 것을
'나란하다'라고 해.

##  알아두면 똑똑해지는 서술어 친구들!

고르다

**나란하다**

정연하다

가지런하다

비슷한 말   반대말

# 훼손

## 毀 損

헐 훼 　 덜 손

헐거나 깨뜨려
못 쓰게 만듦.

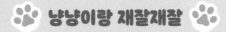

### 냥냥이랑 재잘재잘

'훼손'은 헐거나 깨뜨려 못 쓰게 만드는 거라옹. 그렇다면 '손상'은 뭐냥?

'손상'은 물체가 깨지거나 상하는 것을 말한다냥! '물건 손상'이라는 말 못 들어봤냥?

아! 난 '자연환경 훼손', '명예 훼손'만 들어본 것 같다냥.

# 수확

## 收 穫

거둘 수 　 거둘 확

익은 곡식이나 채소 같은 것을 거두어들이는 것.
가을걷이, 추수.

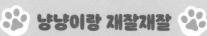
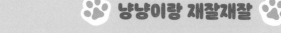

## 🐾 냥냥이랑 재잘재잘 🐾

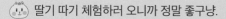
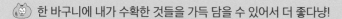

🐱 딸기 따기 체험하러 오니까 정말 좋구냥.

🐱 한 바구니에 내가 수확한 것들을 가득 담을 수 있어서 더 좋다냥!

🐱 열심히 따가자냥! 나는 빨갛게 익은 것만 딸 거다냥.

🐱 나도 빨갛게 잘 익은 것들을 딸 거다냥! 다 따서 맛있게 먹자옹!

# 2월 25일

# 가마

순우리말.
예전에 한 사람이 안에 타고 두 사람이나 네 사람이
들거나 메던 조그만 집 모양의 탈것.

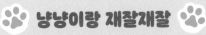

## 냥냥이랑 재잘재잘

도자기 수업 선생님께서 컵을 가마에 넣고 구워서 보내 주셨옹. 어떠냥?

가마에 넣고 구웠냥? 가마는 탈 것 아니냥?

가마에는 여러 가지 뜻이 있다냥. 옛날에 한 사람이 안에 타고, 두 사람이나 네 사람이 들거나 메던 조그만 집 모양의 탈것을 '가마'라고 하옹. 또 숯이나 도자기, 기와, 벽돌 따위를 구워 내는 시설도 '가마'라고 하옹.

# 새순

새로 돋아나는 순.
새순의 '새'는 새롭다는 의미로,
새순과 순(筍, 죽순 순)은 같은 뜻.

## 🐾 냥냥이랑 재잘재잘 🐾

 나는 봄이 정말 좋다냥. 새순도 돋고, 새싹도 자라고.

 '새순'과 '새싹'은 다른 거냥?

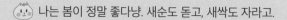 여러해살이 식물이 겨울을 보낸 뒤 봄에 새로 돋아 나는 순을 '새순'이라고 한다 냥. '새싹'은 씨앗이 자라 새로 나온 싹을 말한다냥.

 그럼 '새싹'은 한번만 나고, '새순'은 여러 번 나오겠구냥!

# 2월 26일

# 관제탑

## 管 制 塔

대롱/주관할 절제할 제    탑 탑
관

비행장에서 비행기가 안전하게
뜨고 내릴 수 있게 이끌어 주는 탑.

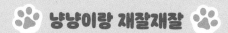

**냥냥이랑 재잘재잘**

저기 저 탑처럼 생긴 높은 건물이 관제탑이냥?

맞다옹. 관제탑은 비행장에서 비행기가 뜨고 내리는 것을 지시하옹. 또 비행장 내에 있는 사람이나 차량을 통제하는 일도 하옹. 그래서 관제탑은 비행장 전체를 잘 볼 수 있는 위치에 있다냥.

그래서 저렇게 높은 탑으로 되어 있는 거구냥.

# 떡잎

순우리말. 씨앗이 싹 터서 처음 나오는 잎.
보통의 잎과 형태가 다르고, 양분을 저장하고 있음.
외떡잎식물에서는 한 장, 쌍떡잎식물에서는 보통 두 장임.

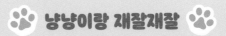
## 냥냥이랑 재잘재잘

🐱 강낭콩과 옥수수의 싹이 텄는데, 어떤 화분에 뭘 심었는지 모르겠다냥.

🐱 떡잎이 두 장 나온 것이 강낭콩, 떡잎이 한 장 나온 것이 옥수수다냥. 강낭콩은 떡잎이 두 장인 쌍떡잎식물이고, 옥수수는 떡잎이 한 장인 외떡잎식물이다냥.

🐱 고마워웅! 또 헷갈릴 수 있으니 이름표를 붙여야겠다냥.

# 교류

## 交 流

사귈 교   흐를 류

서로 다른 개인, 지역, 나라 사이에서
물건이나 기술, 문화, 종교, 사상을 서로 주고받는 것.

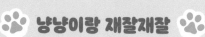

### 🐾 냥냥이랑 재잘재잘 🐾

🐱 네가 그린 웹툰이냥? 대단하당! 다른 나라와 교류해도 되겠다냥.

🐱 지금 내 웹툰을 교환하라는 거냥?

🐱 '교환'이 아니고, 물건이나 기술, 문화를 서로 주고받는 '교류' 말이당. 문화 교류
를 통해서 너도 BTS처럼 전세계적인 인기를 끌 수도 있잖냥. '교환'은 서로 맞
바꾼다는 의미가 강하다냥. 친구와 서로 선물을 주고받는 것도 '교환'이다냥.

🐱 멋진 일이냥! 안그래도 어제 산 옷이 작은데 '교환'해야 겠다냥.

# 꼬투리

순우리말. 콩과식물의 씨앗을 싸고 있는 껍질.

콩과식물은 가지에 흰색, 붉은색, 보라색의 작은 꽃이 피고, 그 가운데
몇 개의 꽃에 씨앗이 달리게 됨. 씨앗들을 싸고 있는 껍질이 바로 꼬투리임.

1개의 꼬투리 속에는 1~3개의 씨앗이 들어 있음.

## 🐾 냥냥이랑 재잘재잘 🐾

😺 너 왜 자꾸 내 말에 꼬투리를 잡냥? 상대방이 하는 말이나 행동에 대해 트집을
잡는 '꼬투리'는 안 좋은 거다냥.

😺 들켰구냥! 미안하다냥. 하하. 지난 번에 네가 혼자 떡볶이 먹으러 가는 거 다 봤
다냥. 어떤 일이 발생한 실마리를 잡았을 때도 '꼬투리'라는 말을 쓴다냥.

😺 하하! 그럼 너랑 나랑 한번씩 꼬투리 잡은 거다냥.

# 탐방

探 訪

찾을 탐    찾을 방

어떤 사실이나 소식을 알아내기 위하여
사람이나 장소를 찾아감.

## 🐾 냥냥이랑 재잘재잘 🐾

🐱 방송국에 가서 내가 좋아하는 연예인을 '답사'하고 싶당.

🐱 그럴 땐 '탐방'이라고 하옹!

🐱 쳇! 또 잘난 체하냥! 그런데 '답사'랑 '탐방'은 뭐가 다르냥?

🐱 '답사'는 현장에 가서 직접 보고 조사하는 것이고, '탐방'은 어떤 사실이나 소식을 알아내기 위해 사람이나 장소를 찾으러 가는 것이옹.

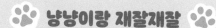

# 10월 29일

# 화석

## 化 石
될 화　　돌 석

옛날에 살았던 동물이나 식물이 땅속에 묻혀 돌처럼 굳은 것.
또는 돌에 찍혀 남아 있는 발자국이나 흔적.

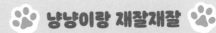 냥냥이랑 재잘재잘

깜짝이다냥! 이것 봐, 보석 안에 곤충이 있다냥!

그건 보석이 아니라 호박 화석이다냥.

호박 화석? 호박은 된장찌개에 넣어 먹는 채소 아니냥?

여기에서 호박은 먹는 호박이 아니고, 나무에서 나온 끈적끈적한 액체가 단단하게 굳은 것을 호박이라고 한다냥.

# 3월 1일

# 삼일절:
## 3·1운동을 기념하는 국경일

삼일절은 1919년 3월 1일에 일어난 독립운동을 기념하는 날이에요.
일제의 압박에 항거하고, 전 세계에 우리 민족의 자주독립을 선언하고자
1919년 3월 1일 정오에 온 민족이 참여한 평화적인 시위가 열린 날이지요.
1949년, 정부는 우리 민족의 숭고한 자주 독립정신을
영원히 기념하기 위하여 이날을 국경일로 정하였어요.
그후로 매년 3월 1일이면 각계각층의 인사들이 모여 기념식을 거행해요.
또 광복을 위하여 싸우다 돌아가신 분들의 유족 및
애국 운동가들로 구성된 광복회 회원들은
매년 탑골공원에 모여 그날의 뜻을 되새긴답니다.

# 10월 28일

## 도전! 냥냥이 퀴즈

1. 다음 중 '지층'을 이루는 특징에 해당되지 <u>않는</u> 것은?
   ① 알갱이의 크기         ② 알갱이의 색
   ③ 알갱이의 성분         ④ 알갱이의 느낌

2. 다음 중 지구의 '지표면'이 가장 뜨거운 계절은?
   ① 봄           ② 여름           ③ 가을           ④ 겨울

3. 다음 중 '층층이' 쌓인 것이 <u>아닌</u> 것은?
   ① 샌드위치       ② 햄버거         ③ 비빔밥         ④ 무지개떡

4. 다음 중 '퇴적물'을 만드는 데 영향을 끼치는 것이 <u>아닌</u> 것은?
   ① 물           ② 빙하           ③ 바람           ④ 외계인

5. 다음 중 '표본'으로 만들기에 적당하지 <u>않은</u> 것은?
   ① 식물           ② 동물           ③ 곤충           ④ 교과서

# 개발하다

로봇이 음식을 배달해 주는 식당에 가 본 적 있니?
최근 인공지능 로봇의 개발로 우리의 생활이 한층 더 편리해졌어.
이렇게 지식, 기술, 능력 등을 더 낫게 만들거나 새로운 것을
연구해서 처음 만들어 내는 것을 '개발하다'라고 해.

## 알아두면 똑똑해지는 서술어 친구들!

발명하다

**개발하다**

개척하다

고안하다

# 10월 27일

 도전! 냥냥이 퀴즈

1. 돌이나 흙 같은 것이 쌓여서 층을 이룬 것을 [          ]이 라고 한다.

2. 지구의 표면, 또는 땅의 겉면을 [          ]이라고 한다.

3. 여러 층으로 겹겹이 쌓인 모양을 [          ]라고 한다.

4. [          ]은 물이나 바람으로 부서진 자갈, 모래, 진흙 등 이 운반되어 쌓인 것을 말한다.

5. [          ]이란 흔히 동물이나 식물을 약품 같은 것을 써서 오래도록 썩지 않게 만든 것을 말한다.

1. 지층 2. 지표면 3. 층층이 4. 퇴적물 5. 표본

# 3월 3일

# 변화하다

2020년부터 나타난 코로나19로 세상이 많이 달라졌지?
많은 것들이 변화했지만 마스크를 항상 쓰고 다녀야 하는 점이
가장 크게 바뀐 점이었어. 이렇게 모양이나 성질, 상태가
바뀌어 달라지는 것을 '변화하다'라고 해.

##  알아두면 똑똑해지는 서술어 친구들!

달라지다

변하다

**변화하다**

바뀌다

변동하다

비슷한 말    반대말

# 10월 26일

# 엉겨붙다

걸쭉한 액체가 한데 뭉쳐 굳어지면 서로 붙어 버리는데,
그것을 '엉겨붙다'라고 해.
오랫동안 떠돌이 생활을 하던 유기견의 털을 떠올려 봐.
엉겨붙은 게 어떤 건지 쉽게 알 수 있겠지?

 **알아두면 똑똑해지는 서술어 친구들!**

엉기다

**엉겨붙다**

달라붙다

떨어지다

비슷한 말    반대말

# 3월   4일

## 🐾 도전! 냥냥이 퀴즈 🐾

1. 헐거나 깨뜨려 못 쓰게 만드는 것은 ⬭ 이다.

2. ⬭ 는 예전에 한 사람이 안에 타고 두 사람이나 네 사람이 들거나 메던 조그만 집 모양의 탈것을 말한다.

3. 비행장에서 비행기가 안전하게 뜨고 내릴 수 있게 이끌어 주는 탑은 ⬭ 이다.

4. 서로 다른 개인, 지역, 나라 사이에서 물건이나 기술, 문화, 종교, 사상을 서로 주고받는 것을 뜻하는 어휘는 ⬭ 다.

5. 어떤 사실이나 소식을 알아내기 위하여 사람이나 장소를 찾아가는 것을 ⬭ 이라고 한다.

1. 훼손 2. 가마 3. 관제탑 4. 교류 5. 탐방

# 어긋나다

톱니끼리 맞물려서 딱 맞을 때가 있지?
그런데 가끔은 맞지 않는 경우가 있어.
한 손의 엄지손가락과 다른 손의 검지손가락이
계속 맞닿게 하는 놀이가 있는데, 조금만 잘못해도 맞닿지가 않아.
이처럼 맞지 않거나 일정한 기준에서 벗어나는 것을 '어긋나다'라고 해.

##  알아두면 똑똑해지는 서술어 친구들!

빗나가다

벌어지다

벗어나다

**어긋나다**

맞다

비슷한 말   반대말

**3월**                    **5일**

## 🐾 도전! 냥냥이 퀴즈 🐾

1. 다음 중 '손상'과 비슷한 말은?
   ① 왼손         ② 오른손         ③ 손님         ④ 훼손

2. 다음 중 '숯이나 도자기, 기와, 벽돌 따위를 구워 내는 시설'을 가리
   키는 말은?
   ① 가방         ② 가구         ③ 가수         ④ 가마

3. '관제탑'은 비행장 전체를 잘 볼 수 있는 위치에 설치한다. ( O, X )

4. 새로 산 옷이 맞지 않을 때에는 옷을 산 상점에서 맞는 옷으로
   ( 교류, 교환 )할 수 있다.

5. 다음 중 '탐방'하기에 알맞지 <u>않은</u> 것은?
   ① 맛집         ② 경복궁         ③ BTS         ④ 내 방 옷장

1. ④ 2. ④ 3. ○ 4. 교환 5. ④

# 표본

## 標 本

표할 표　　근본 본

흔히 동물이나 식물을 약품 같은 것을 써서
오래도록 썩지 않게 만든 것.

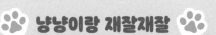

## 🐾 냥냥이랑 재잘재잘 🐾

 어제 해양동물박물관에 갔었옹. 독수리 표본을 보고 살아 있는 독수리인 줄 알고 기절할 뻔했지 뭐냥!

 박제한 나비도 살아 있는 것처럼 보인다냥.

'표본'은 아는데, '박제'는 또 뭐냥?

'박제'는 죽은 동물을 살아 있을 때와 똑같이 만든 것을 말한다냥. 박제된 동물도 정말 볼 만 하다옹.

# 모노레일

## monorail

선로가 하나인 철도.
선로는 기차의 바퀴가 굴러가도록 레일을 깔아 놓은 길.
앞글자 '모노'는 '하나', '혼자'를 뜻함.

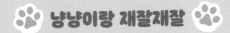

### 🐾 냥냥이랑 재잘재잘 🐾

 이곳 휴양림에서는 모노레일이 인기다옹!

원래 모노레일은 산이 많은 지역에서 농사짓는 분들이 많이 사용한다옹. 높고 경사가 심해 트럭이 다니기 어려운 곳에서 농기구나 농산물을 쉽게 운반할 수 있기 때문이지옹.

 난 모노레일이 놀이기구인 줄만 알았옹. 이제 보니 특별한 교통수단이었다냥!

# 퇴적물

## 堆 積 物

쌓을 퇴  쌓을 적  물건 물

물이나 바람으로 부서진
자갈, 모래, 진흙 등이 운반되어 쌓인 것.

## 🐾 냥냥이랑 재잘재잘 🐾

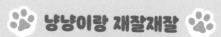

🐱 바다에도 퇴적물이 있다는 거 아냥?

🐱 정말이냥?

🐱 오랜 세월에 걸쳐 자갈, 모래, 진흙 등이 바다 깊은 곳에 쌓인다냥.

🐱 그럼 바닷속에도 퇴적암이 있겠구냥. 퇴적암은 퇴적 활동으로 생기는 암석이
니까냥.

# 방

## 榜

방 붙일 방

어떤 일을 널리 알리기 위하여
사람들이 다니는 길거리나 많이 모이는 곳에 써 붙이는 글.

 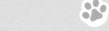 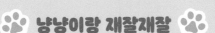

## 냥냥이랑 재잘재잘

학교 앞 사거리에 쓰레기를 버리지 말라는 방을 붙이자냥.

'방'을 붙인다고냥? 누구 방에 말이냥?

'방'에는 여러 가지 뜻이 있옹. 사람이 지내려고 집이나 건물 안에 벽으로 만든 칸도 '방'이라고 하고, 어떤 일을 널리 알리기 위해 사람들이 다니는 길거리에 써 붙이는 글도 '방'이라고 한다옹.

# 층층이

층 층        층 층

여러 층으로 겹겹이 쌓인 모양.

## 🐾 냥냥이랑 재잘재잘 🐾

🐱 층층나무라는 게 있던데, 너는 본 적 있냥?

🐱 응. 층층나무는 가지가 돌아가면서 수평으로 퍼져 여러 겹으로 쌓인다옹.

🐱 그래서 그런 이름이 붙여졌구냥. 층층나무는 어디에서 볼 수 있냥?

🐱 층층나무는 주로 산지의 계곡과 숲속에서 자란다냥. 산에 가면 볼 수 있을 거라냥.

# 3월 8일

# 봉수

烽 燧

봉화 봉  부싯돌 수

고려·조선 시대에 밤에는 횃불, 낮에는 연기를 올려
국경 지역에서 발생하는 난리를 서울에 알리던 통신 제도.

## 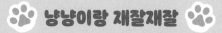 냥냥이랑 재잘재잘

 '봉수'와 '봉화'는 비슷한 말이양. 봉수는 고려·조선 시대에 낮에는 연기, 밤에는
불을 피워서 나라의 위급한 상황을 알리던 통신 제도였옹. 횃불이나 연기의 개
수로 위급한 정도를 알렸옹.

 우와! 불과 연기의 개수로 위급한 정도를 알렸다니 대단하다옹.

 평상시에는 1개, 적이 나타나면 2개, 적이 가까이 오면 3개, 적이 쳐들어오면 4
개, 적과 싸움이 시작되면 5개를 피웠옹. 덕분에 나라를 지킬 수 있었다옹.

# 10월 21일

# 지표면

## 地 表 面

땅 지　　겉 표　　낯 면

지구의 표면.
또는 땅의 겉면.

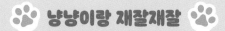
### 냥냥이랑 재잘재잘

🐱 큰일이다냥. 지구 온난화로 빙하가 녹으면서 해수면이 높아지고 있다냥.

🐱 지구 온난화는 왜 생기는 거냥?

🐱 뜨거운 공기가 하늘로 올라간 뒤 지구를 빠져나가지 않고 지구를 둘러싸는 바람에 지표면이 뜨거워지면서 지구 온난화가 생기는 거다냥. 요즘 석유, 가스, 석탄과 같은 화석 연료의 사용으로 지표면의 온도가 더 올라가고 있어서 문제가 되고 있옹.

# 3월 9일

# 서찰

## 書 札

글 서 　 편지 찰

안부나 소식을 다른 사람에게 적어 보내는 글.
'편지'와 비슷한 말.

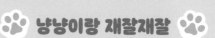

## 냥냥이랑 재잘재잘

🐱 난 요즘 서찰 쓰는 재미를 알게 되었옹.

🐱 매일 예전 우리나라의 왕을 흉내내어 편지를 쓰더니, 이젠 편지를 '서찰'이라고 한다옹. 이제부터 옛날 말을 쓰기로 한 거냥?

🐱 허허. 이 서찰에 안부를 적어 보낼 테니 내 소식을 전해 주구냥!

🐱 에헴! 그러면 나는 지금 바로 거절의 서찰을 써야겠다냥! 메롱!

# 지층

地 層

땅 지    층 층

돌이나 흙 같은 것이
쌓여서 층을 이룬 것.

 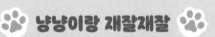 

## 냥냥이랑 재잘재잘

🐱 엄마가 '지층'으로 내려가라시는데, 나보고 지금 돌과 흙이 쌓인 곳으로 가라는 말인거냥?

🐱 돌이나 흙 같은 것이 쌓여서 층을 이룬 것이라는 뜻의 '지층'도 있고, 건축물에서 원래 층보다 낮은 위치에 있는 층인 '지층'도 있옹. 두 어휘가 같아서 헷갈릴 수 있다냥.

# 수신호

手 信 號

손 수    믿을 신    이름 호

손으로 하는 신호.

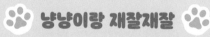 냥냥이랑 재잘재잘

😿 지난 주에 야구를 보러 갔옹. 투수랑 포수랑 계속 손동작을 하던데 왜 그런 거냥?

😸 서로 작전을 짜며 신호를 주고받는 거다냥. 그것을 흔히 '수신호'라고 한다옹.
수신호는 물속에 들어간 잠수부, 교통정리를 하는 경찰관, 주차 안내 요원 등
말을 할 수 없는 상황에서 많이 사용한다옹.

😺 수신호를 사용하면 재미있을 것 같옹! 나도 이제부터 수신호를 사용해야겠다냥.

**10월** **19일**

## 도전! 냥냥이 퀴즈

1. 사물이나 사건의 여러 현상 가운데 한 부분적인 측면을 (　　　　　)
   이라고 한다.

2. 다음 중 '모형'으로 만들어낼 수 <u>없는</u> 것은?
   ① 비행기　　　　② 건물　　　　③ 자동차　　　　④ 이산화탄소

3. 다음 중 '발굴'하는 것이 <u>아닌</u> 것은?
   ① 화석　　　　② 신대륙　　　　③ 문화재　　　　④ 지하자원

4. '생성'은 사물이 ( 생겨나는, 없어지는 ) 것이다.

5. 끊어지지 않고 이어지는 상태를 ( 연속성, 연관성 )이라고 한다.

# 3월 11일

# 운반하다

너는 이사해 본 적 있어?

이사를 하면 우리 집에 있는 크고 무거운 물건을 새 집으로 옮겨야 해.

이삿짐센터 아저씨들은 이삿짐을 안전하게 날라 주시지.

이렇게 물건을 옮겨 나르는 것을 '운반하다'라고 해.

## 🐾 알아두면 똑똑해지는 서술어 친구들! 🐾

나르다

**운반하다**

수송하다

옮기다

 비슷한 말  반대말

# 10월 18일

## 😺 도전! 냥냥이 퀴즈 😺

1. ⬚⬚⬚⬚은 물체의 잘라 낸 면이다.

2. ⬚⬚⬚⬚은 어떤 것을 그대로 본떠서 만든 물건을 말한다.

3. 땅속에 묻혀 있는 것을 찾아서 파냄이라는 뜻의 어휘는 ⬚⬚⬚⬚ 이다.

4. 사물이 생겨남을 뜻하는 어휘는 ⬚⬚⬚⬚이다.

5. 끊이지 않고 죽 이어지는 성질이나 상태를 뜻하는 말은 ⬚⬚⬚⬚ 이다.

# 가파르다

부모님과 등산해 본 적 있어?

등산로가 몹시 험해서 산에 오르기 힘든 적도 있었지?

이렇게 산이나 길이 몹시 기울어져 있는 것을 '가파르다'라고 해.

## 🐾 알아두면 똑똑해지는 서술어 친구들! 🐾

 비탈지다

**가파르다**

 급하다

비슷한 말   반대말

# 얕다

수영장에는 수심이 얕은 곳과 깊은 곳이 표시되어 있어.
밑에서 위까지의 길이가 짧은 것을 '얕다'라고 해.
지식의 정도, 즉 아는 수준이 낮거나 약할 때도 얕다고 말하지.
우리는 수영장의 얕은 곳에서 놀고,
우리의 지식은 얕지 않도록 하자!

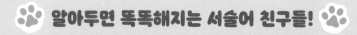

얄팍하다  얕다  낮다

좁다  깊다

비슷한 말  반대말

# 😺 도전! 냥냥이 퀴즈 😺

1. [            ] 은 선로가 하나인 철도이다.

2. [            ] 은 옛날에 어떤 일을 널리 알리기 위해 사람들이 다니는 길거리에 써 붙이는 글이다.

3. 옛날에 낮에는 연기, 밤에는 불을 피워서 나라의 위급한 상황을 알렸던 통신 제도는 [            ] 이다.

4. 안부나 소식을 적어 보내는 글을 뜻하는 어휘는 [            ] 이다.

5. 손으로 하는 신호를 뜻하는 어휘는 [            ] 이다.

1. 모노레일 2. 방 3. 봉수 4. 서찰 5. 수신호

# 굳다

찰흙으로 만든 작품은 시간이 지나면 딱딱하게 되지?
그럴 때 우리는 '굳다'라고 표현해.
먹다 남은 떡이나 밥알이 딱딱해지는 것도 굳는다고 하고,
친구가 긴장을 해도 친구의 표정이 굳었다고 말해.

## 🐾 알아두면 똑똑해지는 서술어 친구들! 🐾

긴장하다

단단하다

**굳다**

굳어지다

 비슷한 말  반대말

**3월**　　　　　　　　　　　**14일**

# 도전! 냥냥이 퀴즈

1. 다음 중 산이 많은 지역에서 농사 도구나 농산물 따위를 운반하기
   위해 이용하는 것은?
   ① 모노레일　　　② 비행기　　　③ 배　　　④ 지하철

2. 나라에서 (　　　　　)을 붙여 사람들에게 소식을 알리기도 하였다.

3. 적과 싸움이 시작되었을 때 피워 올리는 봉수의 개수는 5개이다.
   ( O, X )

4. 다음 중 '편지'와 비슷한 말은?
   ① 문제집　　　② 문서　　　③ 서찰　　　④ 서류

5. 잠수부는 물속에서 수신호를 이용한다. ( O, X )

# 연속성

## 連 續 性

잇닿을 연　이을 속　성품 성

끊이지 않고 죽 이어지는
성질이나 상태.

## 🐾 냥냥이랑 재잘재잘 🐾

 난 너랑 정말 잘 맞는다냥. 너와 난 떼려야 뗄 수 없는 연속성이 있다냥.

 뭔가 이상한데? 혹시 사물이나 현상이 서로 관계를 맺는 특성이나 성질이라는
뜻의 '연관성'을 말하는 거냥?

난 맞다냥, 하하! 역시 너와 난 연관성이 있다냥.

너와 내가 어떤 연관성이 있다는 건지 난 전혀 모르겠다냥! 하하!

# 여객선

## 旅 客 船

나그네 여   손 객   배 선

여행하는 사람들을
태워 나르는 배.

### 냥냥이랑 재잘재잘

 화물선을 타 보고 싶옹. 여객선은 타 봤으니 화물선이 궁금하다옹. 여객선보다 화물선에 더 멋진 식당이 있고, 더 편하고 멋지지 않을까냥?

 하하! '여객선'은 여행하는 사람들을 태워 나르는 배고, '화물선'은 화물을 실어 나르는 배다냥. 그러니 네가 화물선을 탈 일은 거의 없을 듯하다냥!

 그렇구냥. 아쉽다냥.

# 생성

## 生 成

날 생   이룰 성

사물이
생겨남.

## 🐾 냥냥이랑 재잘재잘 🐾

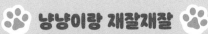

🐱 내 자동차 장난감의 생성 일자를 보니 두 달 전이다냥. 완전 신상이다냥!

🐱 이런 경우에는 '생성'이 아니라 '생산' 일자라고 한다냥!

🐱 생성의 '생'은 생일의 '생'처럼 생겨난다는 뜻 아니냥?

🐱 '생성'은 이전에 없었던 어떤 사물이 생겨나는 것을 말하고, '생산'은 어떤 것을 만드는 것을 말한다냥.

# 역참

## 驛 站

역 역     역마을 참

옛날에 소식을 전하러 먼 곳까지 가는 파발꾼들이
쉬어가거나 말을 갈아타던 곳.

## 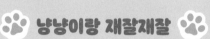 냥냥이랑 재잘재잘

난 오늘 사촌 동생이 온다고 해서 역에 마중 나가기로 했옹.

'역참'에 나가는구냥! 오늘날의 기차역에 해당하는 말이 조선 시대에는 '역참'이
었옹. 마굿간과 여관을 제공하고 지방의 공적 업무를 대행하던 장소였옹. 대개
4킬로미터마다 1참을 두었다고 전해진다냥.

그럼 오늘 나는 옛날 말로 하면 서울역참에 나가는 거구냥.

# 발굴

## 發 掘

필 발      팔 굴

땅속에 묻혀 있는 것을
찾아서 파냄.

## 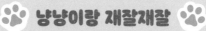 냥냥이랑 재잘재잘

🐱 빨리 와 봐라냥! 화석이 발견되었다냥!

🐱 화석이 '발견'된 게 아니라 '발굴'된 거잖냥. '발견'은 어떤 것을 알아내거나 찾아
내는 것이고, '발굴'은 화석이나 지하자원, 유적등 땅 속에 묻힌 것을 찾아서 파
내는 것이다냥.

🐱 그래서 콜럼버스가 신대륙을 '발견'했다고 하는 거구나.

# 육지

## 陸 地

뭍 육　　땅 지

크고 넓은 땅.

## 🐾 냥냥이랑 재잘재잘 🐾

육지? 뭍? 땅? 어떻게 구분해서 사용하냥?

'육지', '뭍', '땅' 모두 강이나 바다와 같이 물이 있는 곳을 제외한 지구의 겉면이란 뜻으로 사용하옹. 특히 '뭍'은 육지의 순우리말이옹.

그래서 '육'이 한자로 '뭍 육(陸)'이냥.

맞다옹. 우리가 지금 있는 곳이 '뭍'이옹.

# 모형

## 模 形

본뜰 모     모양 형

어떤 것을 그대로 본떠서
만든 물건.

## 🐾 냥냥이랑 재잘재잘 🐾

'모방'이랑 '모형'은 같은 말 아니냥?

'모방'은 비슷하게 따라하는 것을 말하고, '모형'은 원본을 따라 만든 물건을 말한다냥.

그럼 너처럼 단어를 많이 알려면 너를 '모방'해야겠구냥!

따라 할 수 있으면 따라 해 봐냥. 그런데 쉽지 않을 거다냥!

# 3월 18일

# 인공 지능

## 人 工 知 能

사람 인  장인 공  알 지  능할 능

컴퓨터가 인간처럼 생각하고 학습하고 판단하여
스스로 행동하도록 만드는 기술. 영어로 AI(에이아이)라고 함.

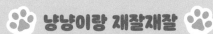

### 냥냥이랑 재잘재잘

- 인공 지능이 내가 모르는 걸 다 알려주니까 좋다옹. 인간이 가지는 학습 능력을 모두 갖췄으니 당연히 똑똑하지 않냥.

- 물론 그렇기는 하지만, 모든 것이 인공 지능으로 바뀔까 봐 겁도 난다옹.

- 선생님께서 그러시는데, 인공 지능은 인간에게 도움을 주기 위한 것이라고 하옹.

- 그럼 우리의 숙제를 대신 해 주는 인공 지능 로봇이 나왔으면 좋겠다옹!

# 단면

## 斷 面

끊을 단　　낯 면

물체의
잘라 낸 면.

 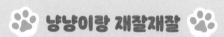 

### 냥냥이랑 재잘재잘

사건의 한 '단면'만 보고 이야기하지 말라고 하던데, 그게 무슨 말이냥?

이때 말하는 '단면'은 사물이나 사건의 여러 현상 가운데 한 부분만 본다는 의미옹.

모양은 같은데 뜻이 다르다옹.

그런 어휘를 '동음이의어'라고 한다냥.

# 자율 주행

## 自 律 走 行

스스로 자 　 법칙 율 　 달릴 주 　 다닐 행

운전자가 직접 운전하지 않고,
차량 스스로 도로에서 달리게 하는 일.

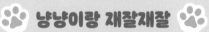

## 🐾 냥냥이랑 재잘재잘 🐾

 우리 아빠가 자율 주행 자동차로 차를 바꿨옹!

😺 인공 지능을 갖춘 자동차라니 멋지옹! 운전자 없이 스스로 운행이 가능한 자동차잖냥.

😺 하지만 아직은 다른 교통수단보다 자율 주행 자동차의 발전이 훨씬 느리다고 하옹. 고속도로와 달리 일반 도로에는 돌발 상황이 너무 많기 때문이옹. 그래도 계속 연구하고 있으니 더 발전된 자율 주행 자동차가 나올거옹.

# 10월 10일

## 도전! 냥냥이 퀴즈

1. 다음 중 '부피'가 가장 큰 것은?
   ① 스마트폰        ② 책가방        ③ 자전거        ④ 자동차

2. 다음 중 '근거'와 비슷한 말이 <u>아닌</u> 것은?
   ① 논거        ② 까닭        ③ 계기        ④ 의견

3. 다음 중 '발포' 비타민을 물에 넣는 실험을 할 때, 필요하지 <u>않은</u> 것은?
   ① 투명한 유리컵        ② 물        ③ 발포 비타민        ④ 사이다

4. 다음 중 '압축'해도 크기가 줄어들지 <u>않는</u> 것은?
   ① 이불        ② 레고 블럭        ③ 쿠션        ④ 패딩 점퍼

5. 비스듬히 기울어진 ( 점, 선, 면 )을 '경사면'이라고 한다.

# 3월 20일

# 적절하다

수업 시간에 선생님께 칭찬받은 적 있지?
네가 선생님의 질문에 적절한 대답을 해서 그럴 거야.
'적절하다'는 꼭 알맞다는 뜻을 가지고 있거든.

 **알아두면 똑똑해지는 서술어 친구들!**

알맞다

## 적절하다

적합하다

적당하다

비슷한 말   반대말

# 한글날:
## 훈민정음을 창제한 것을 기념하고
## 한글의 우수성을 기리는 국경일

한글날은 '가갸날'이 시초이며, 1928년에 '한글날'로 이름이 바뀌었어요.

8·15 광복 후, 양력 10월 9일로 확정되었지요.

훈민정음은 세종대왕이 주도하여 창의적으로 만든 문자에요.

세종대왕 25년에 완성되었고,

3년 동안의 시험 기간을 거친 뒤 세상에 반포되었어요.

한글은 과학적이고 합리적인 문자로 전 세계에서 우수성을

인정받고 있어요. 우리 글자가 생긴 덕분에

한자를 빌려다 쓰던 불편을 벗어버릴 수 있었고, 문화, 경제, 정치 등

각 분야에 걸친 발전을 이루어 세계 여러 나라와

어깨를 나란히 할 수 있게 되었답니다.

# 체험하다

학교에서 체험 학습을 가거나 가족과 함께 체험 여행을 가 본 적 있지?
이때 사람이 어떤 일을 실제로 보고 듣고 겪는 것을 '체험하다'라고 해.
책으로 공부하는 것도 좋지만 직접 체험해 보면 더 재미있게 배울 수 있어.
체험하는 공부도 많이 해 봐!

 **알아두면 똑똑해지는 서술어 친구들!**

겪다    **체험하다**    경험하다

비슷한 말    반대말

# 10월 8일

##  도전! 냥냥이 퀴즈

1. ⬭ 는 넓이와 높이를 가진 물건이 공간에서 차지하는 크기를 의미한다.

2. 어떤 일이나 의논, 의견에 그 근본이 됨이라는 뜻의 어휘는 ⬭ ⬭ 이다.

3. ⬭ 는 거품이 나는 것을 말한다.

4. 물질에 압력을 가하여 부피는 줄이는 것을 ⬭ 이라고 한다.

5. 비스듬히 기울어진 면을 ⬭ 이라고 부른다.

1. 부피 2. 근거 3. 발포 4. 압축 5. 경사면

# 3월 22일

## 🐾 도전! 냥냥이 퀴즈 🐾

1. [　　　　　　]은 여행하는 사람들을 태워 나르는 배를 말한다.

2. [　　　　　　]은 옛날에 파발꾼들이 말을 갈아타던 곳이다.

3. 크고 넓은 땅을 뜻하는 어휘는 [　　　　　　]다.

4. 컴퓨터가 인간처럼 생각하고 학습하고 판단하여 스스로 행동하도록 만드는 기술을 [　　　　　　]이라 부른다.

5. [　　　　　　]은 운전자가 직접 운전하지 않고, 차량 스스로 도로에서 달리게 하는 일을 말한다.

# 작동하다

새로 산 장난감이 생각처럼 움직이지 않을 때가 있었던 적 있지?
그럴 때는 장난감이 '작동하지 않는다'고 말해.
기계가 제대로 움직이거나 움직이게 하는 것을
'작동하다'라고 해.

##  알아두면 똑똑해지는 서술어 친구들!

움직이다

**작동하다**

움직이지 않다

가다

돌아가다

오류가 있다

비슷한 말 | 반대말

# 도전! 냥냥이 퀴즈

1. 다음 중 '여객선' 안에서 볼 수 있는 것은?

　① 사람　　　② 화물　　　③ 인공위성　　　④ 동물원

2. 다음 중 '역참'에서 갈아탈 수 있는 동물은?

　① 소　　　　② 말　　　　③ 돼지　　　　④ 낙타

3. 다음 중 뜻이 <u>다른</u> 하나는?

　① 뭍　　　　② 땅　　　　③ 육지　　　　④ 바다

4. 다음 중 스스로 청소하는 로봇을 가리키는 말은?

　① 인공 지능 청소기　　　② 인공 지능 세탁기

　③ 인공 지능 냉장고　　　④ 걸레질하는 냥냥이

5. 자율 주행 자동차는 운전자 없이 스스로 운행이 가능한 자동차이다.

　( O, X )

# 10월 6일

# 일깨우다

숙제를 깜박 잊고 안 할 때가 많아. 그래서 꼭 메모를 하는 게 좋아.
특히 종례 시간에 선생님께서 숙제에 관해 다시 말씀해 주실 때
메모하면 잊지 않을 수 있지. 이렇게 선생님께서
다시 우리에게 일러주실 때 '일깨우다'라고 할 수 있어.
가르치거나 일러 주어서 알게 하는 것을 뜻해.

##  알아두면 똑똑해지는 서술어 친구들!

가르치다

계몽하다

**일깨우다**

놔두다

깨우치다

방관하다

비슷한 말 | 반대말

# 탑승

## 搭 乘

탈 탑     탈 승

배나 비행기,
차에 올라탐.

## 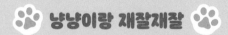 냥냥이랑 재잘재잘

지난번 비행기 탑승 시간은 잘 맞췄냥?

당연하다옹. 엄청나게 뛰었잖냥. 참, 그런데 왜 비행기는 '탑승'이라고 하고, 버스는 '승차'라고 하냥?

'탑승'은 배나 비행기, 차에 올라타는 것이고, '승차'는 차를 탄다는 뜻이옹. 차를 탄다는 뜻은 같지만, 탑승이 더 넓은 의미다냥.

# 경사면

## 傾 斜 面

기울 경   비낄 사   낮 면

비스듬히
기울어진 면.

### 😺 냥냥이랑 재잘재잘 😺

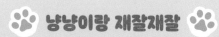

🐱 이 길은 '경사면'이 너무 급하옹.

🐱 이런 경우에는 '경사'가 급하다고 말한다옹.

🐱 '경사면'과 '경사'가 뭐가 다르냥?

🐱 '경사'는 기울어진 상태나 정도를 나타내고, '경사면'은 기울어진 면을 말한다옹.

# 통신 수단

## 通 信 手 段

통할 통   믿을 신   손 수   층계 단

편지, 휴대 전화, 컴퓨터 등으로
정보나 의사를 전달하는 수단.

 냥냥이랑 재잘재잘

옛날에는 휴대 전화도 없는데 어떻게 약속을 잡았을까냥?

옛날에도 통신 수단으로 방, 서찰, 파발 등이 있었옹.

다 시간이 오래 걸리는 통신 수단이었구냥.

그렇다냥. 요즘엔 스마트폰이 있어서 정말 편리하다냥. 버스와 지하철 도착 시
간까지 다 알 수 있고냥!

# 압축

## 壓 縮

누를 **압**　　줄일 **축**

물질에 압력을 가하여
그 부피를 줄임.

 냥냥이랑 재잘재잘

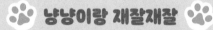

🐱 여행 가방이 꽉 차서 다 안 들어간다냥.

🐱 누르거나 미는 힘인 '압력'을 이용하면 부피를 줄일 수 있다옹.

🐱 네 말대로 압력을 이용하니 부피가 확 줄었옹. 어느 정도 압축을 했으니 더 짐을 챙겨볼까냥? 야호!

🐱 아이고! 겨우 압축했더니 짐을 더 챙긴다고냥? 난 이제 모르겠다냥!

# 3월 26일

# 파발

## 擺 撥

열 파 · 다스릴 발

조선 시대에 말을 타거나 걸어서
나라의 중요한 일을 먼 곳으로 전하던 일.

## 🐾 냥냥이랑 재잘재잘 🐾

 옛날에 나라의 중요한 일을 신속히 전달하려는 통신 수단이 있다던데냥?

 그게 '파발'이옹. 파발에는 말을 타고 소식을 전하는 '기발', 걸어서 소식을 전하는 '보발'이 있다냥!

 그럼 그런 일을 했던 사람을 뭐라고 하는지도 아냥?

 '파발꾼'이라고 한다옹. 파발꾼이 말을 갈아타던 곳은 '역참'이다옹.

# 개천절:

## 단군이 최초의 민족 국가인 고조선을 건국했음을 기념하는 국경일

개천절은 우리나라 역사의 출발을 축하하는 기념일이에요.

3·1절, 광복절, 제헌절, 한글날과 함께 대한민국 5대 국경일 중 하나로,

매년 10월 3일에 해당하지요.

개천절은 우리나라의 건국 신화인 단군 신화와 관련이 있어요.

단군 신화에 따르면, 환인의 아들 환웅이 홍익인간의 뜻에 따라

하늘에서 땅으로 내려왔고, 환웅의 아들 단군이 고조선을 건국하면서

우리나라가 시작된다고 이야기하고 있어요.

개천절은 반만년의 유구한 역사를 가진

단일 민족의 자긍심을 높인답니다.

# 화물선

## 貨 物 船

재물 화  물건 물  배 선

화물을 실어
나르는 배.

## 냥냥이랑 재잘재잘

 난 나중에 군함 선장이 될 거옹.

 군함이라고냥? 혹시 전투에 참여하는 배를 말하는 거냥?

맞옹. 기름을 실어 나르는 유조선이나 화물을 실어 나르는 화물선, 사람을 실어
나르는 여객선보다 폼나잖냥.

유조선, 화물선, 여객선 선장도 다 중요하고 멋진 직업이옹.

# 발포

發 泡

필 발　거품 포

거품이 남.

## 😺 냥냥이랑 재잘재잘 😺

 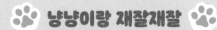 

😸 난 사이다 음료가 정말 좋다냥. 발포가 생기는 게 정말 재미있다냥.

😾 발포라고냥? 사이다에서 총알이라도 나가는 거냥?

😸 하하. 총이나 포를 쏠 때도 '발포'라고 하지만, 거품이 나는 것을 말할 때도 '발포'라고 한다냥. 난 사이다에서 거품 올라오는 것을 좋아한다냥.

😾 난 또 총 쏘는 줄 알고 깜짝 놀랐잖냥!

# 3월 28일

# 화상 통화

## 畫 像 通 話

그림 화 　모양 상 　통할 통 　말씀 화

스마트폰이나 컴퓨터 등의 화면을 통하여
상대방의 얼굴을 보면서 하는 통화.

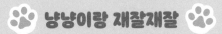

🐾 **냥냥이랑 재잘재잘** 🐾

🐱 나는 할머니랑 화상 통화를 하는 시간이 정말 좋다옹.

🐱 나도 그렇다옹. 할머니랑 영상 통화를 할 때마다 정말 즐겁냥.

🐱 '영상 통화'라고냥?

🐱 '영상 통화'는 주로 휴대 전화 화면으로 상대방의 얼굴을 보면서 하는 통화다냥. '화상 통화'는 휴대 전화를 포함한 전화나 컴퓨터를 이용하기 때문에 더 넓은 의미다냥.

# 근거

## 根 據

뿌리 근    근거 거

어떤 일이 있게 한
바탕이나 까닭.

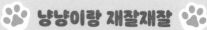

### 🐾 냥냥이랑 재잘재잘 🐾

🐱 선생님께서 내 글에 '논거'가 부족하다고 하셨다냥. 논거가 뭐냥?

🐱 '논거'는 어떤 이론이나 주장이 옳다는 것을 뒷받침하는 근거를 말한다냥.

🐱 어쩌냥? 방금 네가 논거를 설명할 때 말한 '근거'의 뜻도 모르겠다냥.

🐱 그것도 모르냥! '근거'는 어떤 일이나 의논, 의견에 대한 까닭을 말한다냥. '까닭', '계기' 등도 비슷한 말이다냥.

# 3월 29일

# 늘어나다

'재산이 늘어나다', '고무줄이 늘어나다', '사람 수가 늘어나다', '시간이 늘어나다'.
여기에 쓴 '늘어나다'는 어떤 뜻일까?
원래보다 무엇인가가 더 많아지거나 길어지거나 커지는 것을
'늘어나다'라고 해. 난 키가 쑥 늘어났으면 좋겠어.

## 알아두면 똑똑해지는 서술어 친구들!

많아지다

길어지다

증가하다

**늘어나다**

줄어들다

비슷한 말 | 반대말

# 부피

순우리말. 넓이와 높이를 가진 물건이
공간에서 차지하는 크기.
과학에서 부피는 입체가 차지하는
공간의 크기를 말함.

## 🐾 냥냥이랑 재잘재잘 🐾

 난 500밀리리터짜리 우유를 한번에 마신다냥. 넌 어떠냥?

 난 200밀리리터짜리면 충분하다냥. 그러고 보니 우유갑 크기에 따라 부피도
늘어난다냥.

🐱 '부피'라는 말이 물건이 공간에서 차지하는 크기잖냥. 일반적으로 물건의 크기
가 크면 부피가 크고, 크기가 작으면 부피가 작다냥.

# 덮다

물건이 드러나거나 눈에 보이지 않도록
넓은 천을 얹어서 씌우는 것을 '덮다'라고 말해.
예를 들어, '발등을 덮는 실내화'는
발등이 보이지 않도록 발등 부분이 막혀 있는 실내화를 의미해.

## 알아두면 똑똑해지는 서술어 친구들!

 감싸다

덮다

 열다

숨기다

 비슷한 말   반대말

#  도전! 냥냥이 퀴즈

1. 다음 중 '지역 문제'가 <u>아닌</u> 것은?

    ① 교통 혼잡     ② 거리 쓰레기     ③ 지역 소음     ④ 친구 갈등

2. 다음은 (교통 안전, 환경 보호) '캠페인'에 사용하면 어울리는 문구이다.

    > • 교통 신호를 잘 지킵시다!     • 무단 횡단하지 맙시다!

3. 서로의 생각이 다를 때는 싸움과 타협으로 의견을 조정하여 알맞은 방안을 선택한다. ( O, X )

4. 다음 중 '편의'를 위한 노력이 <u>아닌</u> 것은?

    ① 장애인 승강기    ② 거리 휴식 공간    ③ 공중 화장실    ④ 새치기

5. 다음 중 과제를 해결하기 위해 힘을 합하여 서로 돕는 사람은?

    ① 협력하는 사람          ② 협박하는 사람

    ③ 모르는 척 하는 사람      ④ 혼자서만 하는 사람

1. ④ 2. 교통 안전 3. X 4. ④ 5. ①

**3월** **31일**

## 도전! 냥냥이 퀴즈

1. 배나 비행기, 차에 올라탐을 뜻하는 어휘는 [ ]이다.

2. [ ]은 편지, 휴대 전화, 컴퓨터 등으로 정보나 의사를 전달하는 수단을 말한다.

3. 조선 시대에 말을 타거나 걸어서 나라의 중요한 일을 먼 곳으로 전하던 일을 [ ]이라고 한다.

4. 화물을 실어 나르는 배는 [ ]이다.

5. [ ]는 스마트폰이나 컴퓨터의 화면을 통하여 상대방의 얼굴을 보면서 하는 통화를 말한다.

**9월**

**28일**

##  도전! 냥냥이 퀴즈

1. ⬚⬚⬚⬚⬚⬚ 란 지역 내에서 주민의 생활을 불편하게 하거나 주민들 사이에 갈등을 일으키는 문제를 말한다.

2. ⬚⬚⬚⬚⬚⬚ 은 어떤 일을 함께 하자고 널리 알리는 운동이다.

3. 어떤 일을 서로 양보하고 고쳐서 맞추는 것을 뜻하는 어휘는 ⬚⬚⬚⬚⬚⬚ 이다.

4. 생활하거나 일하는 데, 형편이나 조건이 편하고 좋음을 뜻하는 어휘는 ⬚⬚⬚⬚⬚⬚ 이다.

5. ⬚⬚⬚⬚⬚⬚ 은 힘을 합하여 서로 도움이라는 뜻이다.

1. 지역 문제 2. 캠페인 3. 타협 4. 편의 5. 협력

# 4월 1일

## 😺 도전! 냥냥이 퀴즈 😺

1. 다음 중 '승차'와 비슷한 어휘는?
   ① 관제탑        ② 승객        ③ 탑승        ④ 하차

2. '스마트폰'은 ( 옛날, 오늘날 )의 통신 수단이고, '봉수'는 ( 옛날, 오늘날 )
   의 통신수단이다.

3. 다음 중 말을 타고 소식을 전하는 '파발'은?
   ① 기발        ② 신발        ③ 보발        ④ 출발

4. 다음 중 배의 종류가 <u>아닌</u> 것은?
   ① 가마        ② 유조선        ③ 군함        ④ 화물선

5. 다음 중 '영상 통화'와 비슷한 단어는?
   ① 공짜 통화    ② 무료 통화    ③ 음성 통화    ④ 화상 통화

# 설치하다

밤에 운동 경기를 하려면 운동장에 조명 탑이 있어야 해.

그리고 학교에서 입학식을 할 때도 입학 환영 현수막과 포토존을 준비하지.

이렇게 기구, 장치를 달거나 세우는 것을 '설치하다'라고 해.

🐾 알아두면 똑똑해지는 서술어 친구들! 🐾

놓다  설립하다  **설치하다**  해체하다

설비하다  제거하다

비슷한 말  반대말

# 감각

感　覺

느낄 감　깨달을 각

보고 듣고 냄새 맡는 것처럼
몸으로 받아들이는 느낌.

## 🐾 냥냥이랑 재잘재잘 🐾

🐱 저 빨갛고 동그란 사탕에서 달콤한 냄새가 나옹! 난 역시 후각이 발달했옹.

🐱 후각이 뭐냥?

🐱 사탕이 있을 때, 네가 사탕의 모양을 보는 것을 '시각'이라고 하고, 냄새를 맡아서 느끼는 것은 '후각', 사탕을 먹을 때 나는 소리를 듣는 것은 '청각', 맛을 보는 것은 '미각', 손으로 만지는 것은 '촉각'이라고 하옹. 그리고 시각, 청각, 후각, 미각, 촉각을 모두 합한 다섯 가지의 감각을 '오감'이라고 하옹.

# 나열하다

좋아하는 음식이 있니? 하나씩 이야기해 볼래?
이처럼 좋아하는 음식을 여러 개 이야기하거나,
죽 벌여 놓는 것을 '나열하다'라고 해.

##  알아두면 똑똑해지는 서술어 친구들!

배열하다

늘어놓다

진열하다

**나열하다**

정리하다

모으다

비슷한 말 | 반대말

# 관찰

觀 察

볼 관     살필 찰

사물이나 현상을
주의 깊게 자세히 살펴봄.

## 🐾 냥냥이랑 재잘재잘 🐾

 어떤 것을 주의 깊게 살펴보는 것을 '관찰'이라고 하잖냥. 그럼 관찰과 비슷한 말이 뭐가 있을까냥?

 '~을 조사하다'라고 할 때의 '조사'와 비슷한 것 같냥.

응, 맞옹. 그런데 '꽃을 관찰하다'에는 눈앞에 보이는 것을 꼼꼼하게 살펴본다는 뜻이 있다면, '꽃을 조사하다'에는 그것에 대한 자료를 통해 더 자세히 살펴본다는 뜻이 있옹.

# 협력

## 協 力

화합할 협     힘 력

힘을 합하여
서로 도움.

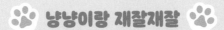 🐾 **냥냥이랑 재잘재잘** 🐾

우리 같이 협력해서 이 그림을 멋지게 완성해 보자냥.

'협력'은 힘을 합해 서로 돕는 것이고, '협동'은 서로 마음과 힘을 하나로 합하는 것이옹. 이런 경우에는 우리는 '협동'을 하자고 말하는 게 더 자연스러워옹.

맞옹! 그림을 그릴 때 협동'하자는 건 서로 마음으로 응원하며 함께 그림 그리자는 뜻이구냥.

# 기준

基 準

터 기　　준할 준

여럿을 견주거나 나눌 때 기본으로 삼아
따르는 본보기나 잣대.

## 🐾 냥냥이랑 재잘재잘 🐾

🐱 마트에 가는 엄마께 맛있는 것을 사다 달라고 했는데 참치를 사오셨옹.

🐱 진짜 맛있겠옹.

🐱 무슨 소리냥? 맛있는 건 연어다냥. 어떻게 참치가 맛있을 수가 있냥?

🐱 맛있는 생선에 대한 '기준'도 냥냥이마다 다 다르구냥.

# 편의

## 便 宜

편할 편　　마땅 의

생활하거나 일하는 데,
형편이나 조건이 편하고 좋음.

### 🐾 냥냥이랑 재잘재잘 🐾

'편리'와 '편의'는 진짜 뭐가 다른지 모르겠다냥. 예를 들어 달라냥.

체육 공원에 운동 시설이 부족한 것을 보고 운동 기구를 더 설치해 주었다면, 그건 사람들의 '편의'를 생각한 것이다냥. 그리고 운동 기구가 이용하기 쉬운 것들이라면, 사용이 '편리'하다고 말한다냥.

이해가 쏙쏙 된다냥. 고맙다냥.

# 맥박

脈 搏

줄기 맥　　두드릴 박

심장이 오므라졌다 펴졌다 할 때마다 심장에서 나오는 피가
핏줄에 닿아서 생기는 움직임.

## 🐾 냥냥이랑 재잘재잘 🐾

 맥박이 뛰려면 피가 동맥을 지나야 하는 거냥?

 '맥박'이나 '동맥'의 '맥'은 줄기를 뜻하는 말이옹. 우리 몸의 피가 지나가는 혈관
이 줄기 모양이라서 '맥'이라는 글자가 붙은 거다옹.

 그럼 '동맥', '정맥'도 모두 줄기라는 뜻이겠구냥.

 그렇냥. 또 식물의 잎에 가늘게 뻗어 있는 줄기 모양은 잎맥이라고 한다옹.

# 타협

妥 協

온당할 타    화합할 협

어떤 일을
서로 양보하고 고쳐서 맞추는 것.

## 😿 냥냥이랑 재잘재잘 😺

🐱 부모님은 내가 게임하는 걸 싫어하신다냥.

😺 부모님과 게임에 대해 이야기해 본다고 하지 않았냥? 어떻게 되었냥?

🐱 내가 숙제를 다 한 뒤에 게임을 30분씩 하는 걸로 극적 '타결'되었다냥. 부모님과
의견 대립이 있었지만, 서로 조금씩 양보해서 마무리 지었옹. '타결'은 대립된 양편
에서 서로 양보하여 일이 마무리된다는 뜻이라옹.

😺 이야기가 잘 끝났다니 다행이옹.

# 무리

순우리말. 사람이나 짐승, 사물 따위가 모여서 뭉친 동아리.
'떼'라고도 하며, '떼로 몰려다닌다', '떼거리', '떼창' 등의
표현으로 사용되기도 함.

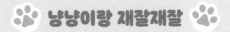

## 냥냥이랑 재잘재잘

🐱 나 요즘 너무 무리했옹. 코피가 났다옹.

🐱 '무리'는 여럿을 의미하는데, 지금 네가 무리했다는 건 네가 여럿이라는 말이냥?

🐱 하하, 아니. 여기에서 사용된 '무리'는 어떤 정도에서 지나치게 벗어났다는 뜻이
옹. '무리한 부탁', '내 능력으로는 무리야.'라고 말할 때처럼 말이옹.

# 캠페인

## campaign

어떤 일을 함께 하자고
널리 알리는 운동.

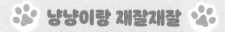
### 냥냥이랑 재잘재잘

🐱 난 환경 보호 캠페인에 참여하려고 한다냥.

🐱 환경 보호에 관심이 많구냥? 나도 환경 보호 운동에 참여하고 있다냥.

🐱 '캠페인'과 '운동'이 같은 의미냥?

🐱 같은 의미로 쓰일 수 있옹. 체육 시간에 줄넘기를 하는 것처럼 몸을 움직이는 것도
'운동'이라고 하고, 어떤 목적을 이루려고 힘쓰는 활동도 '운동'이라고 한다냥.

# 재다

키나 몸무게를 재 보거나
체온계로 체온을 재 본 적 있니?
자, 저울, 체온계 등의 도구를 이용하여
길이나 무게, 온도, 속도를 알아보는 것을 '재다'라고 해.

## 🐾 알아두면 똑똑해지는 서술어 친구들! 🐾

측정하다

**재다**

계측하다

비슷한 말 　반대말

# 지역 문제

## 地域問題

땅 지    지경 역    물을 문    제목 제

지역 내에서 주민의 생활을 불편하게 하거나
주민들 사이에 갈등을 일으키는 문제.

 냥냥이랑 재잘재잘

- 거리의 쓰레기를 왜 아무도 처리하지 않는 거냥? 시청에 신고해야겠다냥.

- 이런 건 주민 모두의 노력이 필요하옹. 지역 주민이 중심이 되어 지역 문제를 해결하는 적극적인 자세가 필요하다냥.

- 누가 해결해 주길 기다리기보다 쓰레기를 버리지 않거나 거리를 깨끗이 관리하려는 노력이 필요하구냥.

# 흐릿하다

저기 멀리 보이는 산이 어떤 날은 또렷하게 잘 보이지만
또 어떤 날은 잘 보이지 않기도 하잖아.
무엇인가 명확하지 않은 것, 기억이나 의식이 분명하지 않고
희미한 경우에 '흐릿하다'라고 표현해.

## 🐾 알아두면 똑똑해지는 서술어 친구들! 🐾

열다

또렷하다

희미하다

**흐릿하다**

흐리다

분명하다

비슷한 말    반대말

**9월** **20일**

## 도전! 냥냥이 퀴즈

1. '여가' 생활이라고 할 수 없는 것은?

　① 일하기　　② TV 보기　　③ 책 읽기　　④ 수다 떨기


2. 학교의 '운영' 방침으로 적당하지 않은 것은?

　① 학생이 행복한 학교　　② 학생이 즐거운 학교

　③ 학생이 건강한 학교　　④ 학생이 괴로운 학교


3. '운행'이라는 어휘와 어울리지 않는 교통수단은?

　① 배　　　　② 버스　　　③ 택시　　　④ 지하철


4. 다음 중 물건값이 급격히 오르는 것을 막기 위한 '정책'은?

　① 외교 정책　② 물가 안정 정책　③ 교통 정책　④ 환경 정책


5. 저녁 식사로 소고기를 먹자는 의견을 내는 것은?

　① 제안　　　② 강요　　　③ 약속　　　④ 찬성

# 4월 9일

## 🐾 도전! 냥냥이 퀴즈 🐾

1. 보고 듣고 냄새 맡는 것처럼 몸으로 받아들이는 느낌을 뜻하는 어휘는 [                    ] 이다.

2. 사물이나 현상을 주의 깊게 자세히 살펴보는 것은 [                    ] 이다.

3. [                    ] 은 여럿을 견주거나 나눌 때 기본으로 삼아 따르는 본보기나 잣대를 말한다.

4. 심장이 오므려졌다 펴졌다 할 때마다 심장에서 나오는 피가 핏줄에 닿아서 생기는 움직임은 [                    ] 이다.

5. [                    ] 는 사람이나 짐승, 사물이 모여서 뭉친 동아리를 뜻한다.

1. 감각 2. 관찰 3. 기준 4. 맥박 5. 무리

**9월** **19일**

##  도전! 냥냥이 퀴즈

1. 일이 없어 남는 시간이라는 뜻의 어휘는 [          ] 이다.

2. 회사, 조직, 단체 등을 꾸리고 맡아서 이끄는 것을 [          ] 이라고 한다.

3. [          ] 은 차, 기차 등이 정해진 길을 따라서 다니는 것을 말한다.

4. [          ] 은 정치를 잘하거나 사회 문제를 해결하려고 내놓는 방법을 뜻한다.

5. 회의에서 어떤 안이나 의견을 내놓는다는 어휘는 [          ] 이다.

1. 여가 2. 운영 3. 운행 4. 정책 5. 제안

## 도전! 냥냥이 퀴즈

1. 다음 중 우리 몸에서 느끼는 '감각'이 아닌 것은?
   ① 시각          ② 청각          ③ 총각          ④ 미각

2. 다음 중 사물을 더 자세히 '관찰'하기 위해 사용할 수 있는 도구는?
   ① 자            ② 손가락        ③ 돋보기        ④ 가위

3. 과학적인 분류 '기준'을 세우면 누가 분류해도 같은 결과가 나온다.
   ( O, X )

4. 다음 중 맥이 '줄기'라는 뜻으로 쓰이는 경우가 아닌 것은?
   ① 동맥          ② 잎맥          ③ 맥도널드      ④ 맥박

5. 밤하늘의 별이 (                    )를 지어 빛나고 있다.

# 9월 | 18일

# 처리하다

친구와 함께 과제를 하다가 친구에게 급한 일이 생겨서
내가 혼자 마무리해야 할 때가 있지? 일을 정리하여 마무리를
짓는다는 의미를 가진 '처리하다'라는 말을 이럴 때 사용해.
"내가 처리할게, 친구야. 걱정 마!"

## 🐾 알아두면 똑똑해지는 서술어 친구들! 🐾

해결하다

**처리하다**

정리하다

다루다

비슷한 말 | 반대말

# 분류

分 類

나눌 분 　 무리 류

여러 개의 사물을
기준을 정해 나누는 것.

## 🐾 냥냥이랑 재잘재잘 🐾

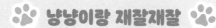

🐱 볼펜이 아주 많구냥. 이 볼펜들을 어떻게 분류하면 좋을까냥?

🐱 난 색깔이 예쁜 볼펜과 덜 예쁜 볼펜으로 분류할 거옹.

🐱 누가 분류해도 같은 결과가 나올 수 있도록 기준을 세우는 것이 좋다옹. 볼펜을 색깔별로 분류해 볼까냥?

🐱 좋다옹.

# 책임지다

학교에서 칠판 당번을 해 본 적 있니?
다른 수업이 시작하기 전에 쉬는 시간에 칠판을
깨끗이 지우는 일을 하는 거잖아.
내가 맡은 역할을 끝까지 맡아서 하는 것을 '책임지다'라고 해.

## 🐾 알아두면 똑똑해지는 서술어 친구들! 🐾

말다            무책임하다

**책임지다**

걸머지다         담당하다

비슷한 말   반대말

# 예상

豫　想

미리 예　생각 상

어떤 일을 직접 당하기 전에
미리 생각하여 둠.

## 🐾 냥냥이랑 재잘재잘 🐾

 '예상', '예측', '예견'은 다 비슷한 말이냥? 다 미리 하는 거잖냥.

 맞다냥. '예'는 한자로 '미리'라는 뜻이 있옹. '예측'은 앞으로의 일을 미리 추측한
다는 거고, '예견'은 앞으로 일어날 일을 미리 짐작한다는 뜻이옹.

 그래서 다 '예' 자가 들어가 있구냥.

맞다냥. 도착 예정 시간이라고 말할 때의 '예정'도 '예상'으로 바꾸어 쓸 수 있겠구냥.

# 제안

提 案

끌 제   책상 안

회의에서 어떤
의견을 내놓음.

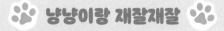

 우리 엄마가 '제안'은 해도, '건의'는 하지 말라고 하셨다냥. 도대체 뭐가 다른 거냥?

 '건의'는 무슨 일을 어떻게 해달라고 요구하는 것이고, '제안'은 이렇게 하면 더 좋을 거라고 하는 너의 생각을 상대방에게 알리는 거다냥. 즉, 엄마 말씀은 너의 생각을 말하긴 하되 뭘 해달라고 하진 말라는 말씀이신 것 같다냥.

 최근에 과자를 사주지 않으셔서 과자를 사달라고 졸랐었는데, 조르지 말라는 말씀이시네냥.

# 4월 13일

# 의사소통

意 思 疏 通

뜻 의　　　생각 사　　　소통할 소　　　통할 통

자신이 가지고 있는 생각이나 뜻을 알려 주거나
상대의 뜻을 알아듣는 것.

## 냥냥이랑 재잘재잘

🐱 SNS로 의사소통을 하다 보면 여러 가지 문제가 생긴다옹. 나는 그런 뜻으로 말한 게 아닌데, 사람들은 글자만 보고 오해하기도 하옹.

🐱 나도 그런 적 있옹. 직접 만나서 말로 하면 표정이나 말투, 몸짓 등을 보고도 내가 말하고자 하는 말의 의미를 알 수 있는데, 글자만 보면 어떤 생각으로 쓴 것인지 알기 어려울 때가 많옹.

🐱 글로 의사소통을 할 때는 내 마음을 더 잘 전달하기 위해 애써야겠옹.

# 정책

## 政 策

정사 정　꾀 책

정치를 잘하거나 사회 문제를 해결하려고
내놓는 방법.

 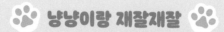 

### 🐾 냥냥이랑 재잘재잘 🐾

대통령 선거를 앞두고 있어서인지 TV에 '정책'과 '정치'라는 단어가 많이 나오더라고냥.

'정치'는 나라를 다스리는 일이라는 뜻이옹. 국민이 인간다운 삶을 살 수 있도록 사회 질서를 바로잡는 역할을 한다옹. '정책'은 사회적인 문제를 해결하기 위한 방법 같은 거라옹. 그래서 정치인들이 바른 정책을 펼치고 바른 정치를 하기 위해 노력해야 한다옹.

# 4월 14일

# 채집

採 | 集
캘 채 | 모을 집

널리 찾아서 얻거나 캐거나
잡아 모으는 일.

## 냥냥이랑 재잘재잘

 예전 원시시대 사람들은 동식물을 채집하면서 살았옹.

나는 요즘 인형을 모으는데, 그것도 채집이라고 하냥?

 그때는 보통 '수집'이란 단어를 많이 쓰옹. 수집과 채집은 모두 모은다는 뜻이
옹. '채집'은 주로 동식물과 문화유산에 많이 쓰고, '수집'은 취미나 연구를 위해
물건이나 재료를 모을 때 사용하옹.

# 운행

## 運 行

옮길 운     다닐 행

차, 기차 등이
정해진 길을 따라서 다니는 것.

## 🐾 냥냥이랑 재잘재잘 🐾

😿 태풍이 심해서 비행기 운행이 정지되었다냥.

😼 비행기에는 '운항'이라고 한다냥. '운행'은 차량 운전에 주로 사용하고, 비행기나 배가 정해진 항로를 오고 가는 건 '운항'이라고 한다냥.

😺 그럼 비행기 운항이 정지되었다고 해야 하는구냥. 매일 하나씩 배우니까 재미가 쏠쏠하다냥!

# 추리

推 理

밀 추　　다스릴 리

알고 있는 것을 바탕으로
알지 못하는 것을 미루어서 생각함.

## 🐾 냥냥이랑 재잘재잘 🐾

🐱 '추'로 시작하는 '추론'이나 '추측'도 '추리'와 비슷한 말이냥?

🐱 '추'에는 미루어 생각한다는 뜻이 있옹. '추론'은 미루어 생각하여 논한다는 뜻이고, '추측'은 미루어 생각하여 헤아린다는 뜻이옹.

🐱 오늘 엄마가 해 주실 저녁 메뉴를 '추측'해 볼까냥? 닭볶음탕? 카레? 아니면 고등어조림?

# 운영

運 營

옮길 운    경영할 영

회사, 조직, 단체 등을
꾸리고 맡아서 이끄는 것.

## 냥냥이랑 재잘재잘

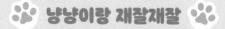

'운영'과 비슷하게 생긴 '운용'이라는 말은 무슨 뜻이냥?

'운용'이란 돈, 물건, 제도 등을 맞게 쓰거나 잘 부린다는 뜻이옹.

그렇다면 나는 앞으로 커서 과자 가게를 '운영'하고 싶다고 말해야 겠구냥.

정말이옹? 그럼 내가 매일 놀러가겠옹.

# 개선하다

너는 스스로 가방을 챙기고 숙제를 잘하고 있니?
아마 처음에는 무척 어렵고 힘들어도 조금씩 더 잘하게 될 거야.
이처럼 잘못된 것이나 부족한 것, 나쁜 것 따위를 고쳐
더 좋게 만드는 것을 '개선하다'라고 해.

## 🐾 알아두면 똑똑해지는 서술어 친구들! 🐾

고치다

**개선하다**

바로잡다

개악하다

보완하다

 비슷한 말   반대말

**9월** **12일**

# 여가

餘 暇

남을 여 　 틈 가

일이 없어
남는 시간.

## 🐾 냥냥이랑 재잘재잘 🐾

 이번에 묵은 숙소에는 레저 시설이 많다냥. 숙소 내에 탁구장, 오락실, 노래방도 있어서 다양하게 즐길 수 있다냥.

 그런데 여가 시설이라고 하면 되지, 왜 굳이 '레저'라는 외국어를 사용하냥?

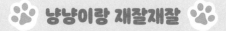 최근에 해외여행을 다녀왔더니 영어가 익숙하다냥. 하하! 그리고 요즘 '레저'라는 말도 많이 사용하잖냥.

'여가'와 '레저'가 같은 의미라 바꿔 쓸 수 있구냥.

# 긁히다

등이 가려워 긁고 싶은데 손이 안 닿아 불편했던 적 있니?
또 손톱이나 뾰족한 기구로 바닥이나 거죽이 문질러져서
긁힌 적도 있을 거야. '긁다'는 내가 스스로 긁는 것인데,
'긁히다'는 내가 아닌 어떤 물건이나 다른 사람이 나를 긁었을 때 사용하는 말이야.

## 🐾 알아두면 똑똑해지는 서술어 친구들! 🐾

갉히다

**긁히다**

긁다

 비슷한 말  반대말

## 도전! 냥냥이 퀴즈

1. 다음 중 '발급'받을 수 <u>없는</u> 것은?
   ① 도서관 대출증   ② 학생증   ③ 시험 답안지   ④ 여권

2. 다음 중 화재 '발생' 시 하면 <u>안 되는</u> 행동은?
   ① "불이야!" 외치기            ② 불난 집에 부채질하기
   ③ 계단을 이용해 대피하기       ④ 119에 신고하기

3. 다음 중 '비용'이 들지 <u>않는</u> 일은?
   ① 신발 사기   ② 가방 사기   ③ 옷 사기      ④ 인사하기

4. 다음 중 '서명'이라고 되어 있는 곳에 써야 하는 것은?
   ① 친구 이름   ② 동생 이름   ③ 내 이름   ④ 가수 이름

5. 다음 중 '수집'이라는 말을 쓸 수 있는 경우는?
   ① 잠자리      ② 나비   ③ 위인 관련 자료   ④ 개구리 알

1. ③ 2. ② 3. ④ 4. ③ 5. ③

# 4월 18일

## 🐾 도전! 냥냥이 퀴즈 🐾

1. 여러 개의 사물을 기준을 정해 나누는 것을 뜻하는 어휘는 (　　　　　)(　　　　　)다.

2. 어떤 일을 직접 당하기 전에 미리 생각해 둠이라는 뜻을 지닌 어휘는 (　　　　　　　　)이다.

3. (　　　　　　　　)은 자신이 가지고 있는 생각을 알려주거나 상대의 뜻을 알아듣는 것을 뜻한다.

4. 널리 찾아서 얻거나 캐거나 잡아 모으는 일은 (　　　　　　　　)이다.

5. (　　　　　　　)는 알고 있는 것을 바탕으로 알지 못하는 것을 미루어서 생각하는 것을 뜻한다.

## 도전! 냥냥이 퀴즈

1. 증명서같은 서류를 만들어 주는 것은 [          ] 이다.

2. 일이나 사물이 생기는 것을 뜻하는 어휘는 [          ] 이다.

3. [          ] 은 물건을 사거나 어떤 일을 하는 데 드는 돈을 말한다.

4. [          ] 은 서류 같은 것에 이름을 써 넣어 책임을 분명히 하는 것이다.

5. 취미나 연구를 위하여 여러 가지 물건이나 재료를 찾아 모으는 것을 [          ] 이라고 한다.

1. 발급 2. 발생 3. 비용 4. 서명 5. 수집

## 도전! 냥냥이 퀴즈

1. 다음 중 '분류' 기준을 바르게 세운 친구는?
   ① 예쁜 친구와 안 예쁜 친구　② 머리카락이 짧은 친구와 긴 친구
   ③ 공부를 잘하는 친구와 못하는 친구　④ 남자 친구와 여자 친구

2. 다음 중 '예상'과 비슷한 뜻을 가진 어휘가 <u>아닌</u> 것은?
   ① 예견　　② 예정　　③ 예민　　④ 예측

3. '의사소통'을 할 때에는 말, 몸짓, 글, 그림 등 다양한 방법을 사용할
   수 있다. ( O, X )

4. 다음 중 '채집'할 수 <u>없는</u> 것은?
   ① 나비　　② 전복　　③ 문화유산　　④ 친구

5. 다음 중 의미가 <u>다른</u> 하나는?
   ① 추측　　② 추첨　　③ 추론　　④ 추리

1. ④ 2. ③ 3. O 4. ④ 5. ②

# 참여하다

체육 시간, 아픈 곳이 있어서 활동을 하지 못한 채 앉아 있다 보면
친구들과 같이 뛰고 싶은 마음이 간절해지지.
어떤 일에 끼어서 함께하다라는 뜻을 가진 '참여하다'라는 말이 있어.
"아프지만 나도 참여하고 싶다!"라고 말할 수 있지.

## 🐾 알아두면 똑똑해지는 서술어 친구들! 🐾

관여하다

**참여하다**

불참하다

참가하다

참석하다

 비슷한 말  반대말

# 측정

測 定

헤아릴 측　정할 정

길이, 높이, 무게 등을 재어서
수로 나타내는 것.

## 🐾 냥냥이랑 재잘재잘 🐾

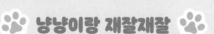

우리 '측정'이라는 말을 넣어서 문장 만들기 게임 해 볼래옹? 난 자로 교실에 있는 여러 물건의 길이를 측정하는 버릇이 있옹.

난 등교할 때마다 교실에 들어가기 전에 체온을 측정하옹.

어제는 우리 할머니가 병원에서 몸무게랑 혈압을 측정하셨옹.

난 우리 아빠랑 차 타고 갈 때 경찰이 음주 측정하는 것을 본 적이 있옹. 생각보다 '측정'이라는 말을 다양하게 쓰는구냥.

**9월** **8일**

# 조정하다

친구들과 다툼이 생길 때가 있잖아. 그럴 때 중간에서
화해하게 하거나 서로 타협점을 찾도록 누가 나서 줄 때가 있어.
이럴 때 '조정하다'라는 말을 써.
그 사람이 중간에서 갈등하는 친구들의 사이를 조정해 주는 거야.

 알아두면 똑똑해지는 서술어 친구들!

맞추다

**조정하다**

정돈하다

조절하다

비슷한 말 | 반대말

# 탐구

探 究

찾을 탐    연구할 구

궁금한 문제에 대해
답을 찾는 과정을 말함.

## 🐾 냥냥이랑 재잘재잘 🐾

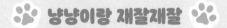

🐱 나는 궁금한 게 참 많앙. 주변 어른들께 자주 물어보는 편인데, 어른들도 모르겠다고 하는 것들은 어떻게 하냥?

🐱 책이나 인터넷에서 궁금한 문제에 대한 답을 찾아보면 된다냥. 그걸 과학 탐구라고 한다냥. 과학 탐구는 과학자만 하는 게 아니라옹. 우리도 '관찰', '분류', '측정', '예상', '의사소통' 등의 활동으로 탐구할 수 있옹.

🐱 그렇구냥.

# 수집

蒐 集

모을 수  모을 집

취미나 연구를 위하여
여러 가지 물건이나 재료를 찾아 모음.

## 🐾 냥냥이랑 재잘재잘 🐾

각자 맡은 자료들 채집해 왔냥?

채집이라니옹. '채집'은 널리 찾아서 모으거나 캐서 모은다는 뜻이 있다웅. 곤충 채집이라는 말 들어봤냥? 자료를 모으는 것은 '채집'이 아니라 '수집'이라고 한 다냥.

어쩐지 어색하더라냥. 하하! 다들 제대로 자료를 '수집'해 왔지냥?

# 환기

바꿀 환    기운 기

더럽고 탁한 공기를
맑은 공기로 바꿈.

## 😺 냥냥이랑 재잘재잘 😺

🐱 과학에 관심을 갖도록 분위기를 환기시켜야겠옹.

🐱 공기를 맑은 공기로 바꾸면 사람들이 과학에 관심을 갖게 된다는 말이냥?

🐱 하하! 환기는 '좋지 않은 공기를 맑은 공기로 바꾼다'라는 의미로도 쓰이고, '주의나 여론, 생각 따위를 불러일으킨다'는 의미로도 쓰인다옹.

🐱 그럼 수학 시간에 야외 수업하게 선생님의 관심을 환기시킬 수 있을까냥? 하하!

# 서명

## 署 名

마을 서　　이름 명

서류 같은 것에 이름을 써 넣어
책임을 분명히 하는 것.

### 🐾 냥냥이랑 재잘재잘 🐾

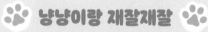

선생님께서 가정 통신문에 부모님의 '서명'을 받아오라는데, 엄마께서 '사인'을 해 주셨다옹.

'서명'이나 '사인'이나 부모님께서 직접 해 주셨으면 상관없다옹. '사인'은 자기만의 독특한 방법으로 자신의 이름을 적는 것이니 둘 다 괜찮다옹.

나도 멋진 사인을 만들어 볼까냥?

# 광택

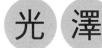

光 澤

빛 광   못 택

물체가 빛을 받아
윤이 나는 것.

## 😼 냥냥이랑 재잘재잘 😼

이 엘리베이터의 문은 반질반질 윤택이 나옹.

물체가 빛을 받아 반짝반짝 빛나는 것을 '광택이 난다' 또는 '윤택이 난다'라고
해. '윤택'은 살림이 넉넉하고 풍부할 때도 사용하는 말이고, '광택'은 '구두에 광
택을 낸다.', '풍선에 광택이 있다.'라는 식으로 쓸 수 있옹.

아하, 그럼 난 윤택한 냥이구냥. 하하하.

# 비용

## 費 用

쓸 비  쓸 용

물건을 사거나 어떤 일을
하는 데 드는 돈.

## 🐾 냥냥이랑 재잘재잘 🐾

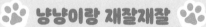

😺 어떤 일을 하는 데 드는 돈이라고 하면 모두 '비용'을 생각하지 않냥? 그런데 '비발'이라는 말이 있옹.

😸 비발? 처음 듣는 말이다냥. 사투리냥?

😺 우리가 잘 사용하지 않지만, '비발'도 '비용'과 같은 뜻을 가진 표준어다냥. 기억해두면 좋잖냥!

😸 맞다냥! 기억해두면 꼭 쓸 데가 있다옹!

# 물질

物　質

물건 물　　바탕 질

물체의 밑바탕을
이루는 것.

 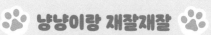 

**냥냥이랑 재잘재잘**

이상하옹. 물질은 물체를 만드는 재료라고 배웠는데 '물질에 욕심을 낸다'라는 말도 있잖옹. 그건 고무, 유리, 철 같은 재료에 욕심을 낸다는 의미냥?

하하! '물질'은 물체를 만드는 재료이지만, '재물'을 뜻하는 말로도 사용하옹. 돈에 대한 욕심이 지나친 경우, '물질주의'라고도 하옹.

하나의 단어에 여러 뜻이 있을 수 있구냥.

# 발생

## 發 生
필 발　　날 생

일이나 사물이
생기는 것.

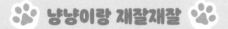

### 🐾 냥냥이랑 재잘재잘 🐾

 우리 부모님이 다투셨다냥. 덕분에 엄마가 당분간 요리를 안 하시겠다고 하셔서 이틀째 집에서 배달 음식만 먹고 있다냥.

 저런! 부부 싸움이 발생하여 이런 문제가 파생되었구냥. '파생'은 어떤 것에 바탕을 두고 생겨나는 것을 말한다냥. 아무쪼록 너희 부모님이 빨리 화해하셨으면 좋겠다옹.

 하하. 고맙다옹.

# 질기다

마른오징어 다리를 먹어본 적 있지?

이로 끊어보려고 힘껏 잡아당기다가 고개가 뒤로 휙 젖혀진 적 있지?

물건이 쉽게 닳거나 끊어지지 않고 견디는 힘이 셀 때 '질기다'라고 표현해.

가죽은 종이처럼 쉽게 찢어지지 않고 견디는 힘이 세서 보통 질기다고 말하지.

## 🐾 알아두면 똑똑해지는 서술어 친구들! 🐾

강인하다

끈덕지다

**질기다**

악착스럽다

 비슷한 말  반대말

# 발급

發 給

필 발   줄 급

증명서 같은 서류를
만들어서 내어 주는 것.

## 냥냥이랑 재잘재잘

야호! 오늘 시청에 가서 여권을 신청했다옹. 여권이 발급되면 보여 줄게냥. 그런데 '발급하는' 것이랑 '발급되는' 것의 차이는 뭐냥?

'발급하는' 건 시청이 여권을 만들어서 너에게 주는 것이고, '발급되는' 건 시청이 만든 여권을 네가 받는 걸 말한다옹.

우리말은 '하다'와 '되다'로 의미가 조금씩 달라지는 말들이 많구냥.

# 휘어지다

올림픽에서 양궁 선수가 활을 쏘는 장면을 본 적 있니?

활시위를 뒤로 힘껏 잡아당기면 활이 둥그렇게 휘어지지?

곧은 물체가 어떤 힘을 받아서 구부러질 때 '휘어지다'라는 표현을 써.

## 🐾 알아두면 똑똑해지는 서술어 친구들! 🐾

구부러지다

**휘어지다**

곧다

휘다

비슷한 말    반대말

9월
2일

## 도전! 냥냥이 퀴즈

1. 다음 중 가족끼리 '다수결'로 결정할 수 <u>없는</u> 것은?
① 저녁 메뉴       ② 볼 영화       ③ 여행지       ④ 가족 구성원

2. 다음 중 '단속'해야 하는 것이 <u>아닌</u> 것은?
① 과속       ② 음주 운전       ③ 무단횡단       ④ 바른 주차

3. 다음 중 '민원'의 종류로 적당하지 <u>않은</u> 것은?
① 가로등 설치    ② 신호등 설치    ③ 방 청소    ④ 거리 소음

4. 다음 중 학교에서 '반영'해 줄 수 있는 학생들의 의견은?
① PC방 설치    ② 도서관 설치    ③ 영화관 설치    ④ 오락실 설치

5. 다음 중 어려운 일을 헤쳐 나가는 가장 좋은 '방안'은?
① 해결하기 위해 노력하기       ② 무조건 엄마에게 물어보기
③ 모른 척 하기                  ④ 친구의 결정에 따르기

1. ④ 2. ④ 3. ③ 4. ② 5. ①

# 도전! 냥냥이 퀴즈

1. 길이, 높이, 무게 등을 재어서 수로 나타내는 것을 뜻의 어휘는

( ) 이다.

2. ( ) 는 궁금한 문제에 대해 답을 찾는 과정이다.

3. 탁한 공기를 맑은 공기로 바꾸는 것을 ( ) 라고 한다.

4. 물체가 빛을 받아 윤이 나는 것은 ( ) 이다.

5. ( ) 은 물체를 만드는 재료를 뜻하는 말이다.

1. 측정 2. 탐구 3. 환기 4. 광택 5. 물질

# 도전! 냥냥이 퀴즈

1. 회의에서 많은 사람의 의견을 따라 결정하는 것을
   이라고 한다.

2. 규칙이나 법 등을 어기지 않도록 통제한다는 말은
   이다.

3. [        ] 이란 주민이 시청, 구청 등에 원하는 바를 요구
   하는 일을 말한다.

4. 어떤 사실이나 내용을 다른 것에 그대로 나타내는 것은
   이다.

5. [        ] 은 일을 해결하여 나갈 방법이나 계획을 뜻하는
   어휘다.

1. 다수결 2. 단속 3. 민원 4. 반영 5. 방안

#  도전! 냥냥이 퀴즈

1. 다음 중 '측정'을 하는 도구가 바르게 짝지어진 것은?
 ① 길이 - 자                    ② 체온 - 체중계
 ③ 몸무게 - 온도계              ④ 시간 - 각도기

2. 다음 중 과학적 '탐구' 과정이 아닌 것은?
 ① 관찰        ② 분류        ③ 추리        ④ 의사소통

3. 다음 중 '주의나 여론, 생각 따위를 불러일으킨다'는 뜻의 어휘는?
 ① 환기        ② 공기        ③ 연기        ④ 광기

4. 다음 중 '광택'이 있는 물건은?
 ① 연필        ② 풍선        ③ 색종이       ④ 수저

5. 다음 중 '물질'이 아닌 것은?
 ① 금속        ② 플라스틱     ③ 나무        ④ 고무밴드

1. ① 2. ③ 3. ① 4. ② 5. ④

# 8월 31일

# 요청하다

사람이 살다 보면 혼자 힘으로만 살 수 없어.
네가 누군가에게 필요한 일이 있거나,
상대방에게 어떤 일을 부탁해야 할 때가 있을 거야.
그럴 때 '요청하다'라는 표현을 사용해.

## 🐾 알아두면 똑똑해지는 서술어 친구들! 🐾

청하다

청구하다 **요청하다**

구하다

 비슷한 말  반대말

# 물체

物 | 體

물건 물 | 몸 체

모양이 있어서 보고 만질 수 있고,
생명이 없어 딱딱한 것.

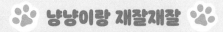

## 냥냥이랑 재잘재잘

'물체'와 '물질', 단어가 비슷해서 매번 헷갈리옹.

헷갈리냥? '물체'를 만드는 재료를 '물질'이라고 하옹.

장난감 블록은 '물체', 이걸 만든 플라스틱은 '물질'. 맞냥?

응, 맞옹. 고무장갑은 '물체', 이걸 만든 고무는 '물질'이옹.

# 관리하다

학교 도서관에는 수많은 책을 관리해 주시는 사서 선생님이 계셔.
사서 선생님께서 하시는 일처럼
시설, 물건, 일 등을 맡아서 살피고 꾸리는 것을
'관리하다'라고 표현해.

  알아두면 똑똑해지는 서술어 친구들!

보살피다

내버려두다

**관리하다**

돌보다

유지하다

방치하다

비슷한 말   반대말

# 설계

베풀 설 　 셀 계

앞으로 할 일에 대하여
계획을 세움.

## 😺 냥냥이랑 재잘재잘 😺

🐱 우리 학교가 설계된 지 20년이나 되었다옹!

😺 '설계'가 아니라 '설립'이옹. '설계'라는 말은 계획을 세우는 것을 말하고, '설립'은 학교 같은 기관이나 조직을 만들어 세우는 것을 말하옹.

🐱 설계와 설립에 다 '세우다'란 뜻이 있구냥. 재미있구냥.

# 방안

方 案

모 방     책상 안

일을 해결하여
나갈 방법이나 계획.

## 😺 냥냥이랑 재잘재잘 😺

 해결 '방법', 해결 '방안'? 두 어휘는 뜻이 다르냥?

'방법'은 어떤 일을 해 나가거나 목적을 이루기 위하여 취하는 수단이라는 뜻이니, '방안'과 큰 차이 없이 사용해도 될 것 같다냥. '방도', '방식'이라는 말도 모두 비슷한 의미다냥.

비슷한 어휘들이 무척 많구냥. 더 열심히 익혀야겠다냥!

# 성질

## 性 質

성품 성    바탕 질

사물이나 현상이
가지고 있는 특징.

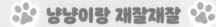

### 냥냥이랑 재잘재잘

🐱 고무의 '성질'이 뭔지 알옹?

🐱 고무도 성질이 있다고? 물질이 어떻게 성질을 내냥?

🐱 하하! '성질'은 사물이 가지고 있는 고유의 특성을 말해. '금속은 단단하고, 고무는 늘어났다가 줄어드는 성질이 있다.'는 말과 같은 것이지. 네 말대로 '성질'은 사람이 지닌 본래의 마음을 뜻하기도 하옹. 그래서 '성질이 급하다', '성질이 고약하다', '성질나다'처럼 사람의 성격을 표현하기도 하옹.

# 반영

反 映

돌이킬 반　비칠 영

어떤 사실이나 내용을
다른 것에 그대로 나타내는 것.

## 🐾 냥냥이랑 재잘재잘 🐾

🐱 글씨 좀 바르게 쓰라냥. 여기에 '반영'이라고 쓴 거냥, '번영'이라고 쓴 거냥?

🐱 '반영'이나 '번영'이나. 글씨도 비슷하니 뜻도 비슷한 거 아니냥?

🐱 '번영'은 번성하고 발전하여 영화롭게 된다는 뜻인데, 어떻게 반영이랑 같냥?
점 하나로 뜻이 달라진다냥.

🐱 정말 점 하나로 뜻이 달라지는 구냥!

# 신소재

## 新 素 材

새 신 　 본디 소 　 재목 재

이전에는 없었던 뛰어난 특성을 지닌
소재를 통틀어 이르는 말.

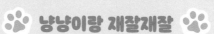

 '신'자가 들어간 단어는 뭔가 새롭구냥!

'신'에 '새롭다'는 의미가 있옹. 그래서 새로 나온 제품을 '신제품'이라고 하고, 경기에서 새로운 기록을 세우면 '신기록'이라고 하옹.

하하! 어쩌다 보니 맞췄네! 그나저나 냥냥이 가방 신상품 나왔다고 하는데, 같이 보러 가옹!

# 민원

民 願

백성 민 　 원할 원

주민이 시청, 구청 등에
원하는 것을 요구하는 일.

## 🐾 냥냥이랑 재잘재잘 🐾

🐱 요즘 밤늦게까지 공사하는 소리에 도저히 잠을 잘 수가 없다냥. 민원을 넣어야 겠다냥. 어디에 넣을 수 있냥?

🐱 구청에 가보라냥! 구청에서 민원 사무를 처리하는 부서인 민원실로 가 보면 좋을 것 같다냥.

🐱 민원실은 처음이라, 같이 가주면 안 될까냥? 하하!

🐱 같이 가자냥!

# 5월 3일

# 쓰임새

순우리말. 어떤 것이 쓰이는 데.
비슷한 말로 쓸모, 용도, 쓸데가 있음.

##  냥냥이랑 재잘재잘

가방이 왜 이렇게 많냥?

이 가방은 학교 갈 때, 저 가방은 운동 갈 때, 그리고 그 가방은 학원 갈 때 사용하는 가방이옹.

쓰임새에 따라 구분은 했는데, 그래도 여전히 많은 것 같지냥?

이 정도면 용도에 따라 아주 잘 사용하고 있다옹!

# 단속

## 團 束

둥글 단　묶을 속

규칙이나 법, 명령 등을
지키도록 통제함.

### 🐾 냥냥이랑 재잘재잘 🐾

🐱 '취체'라는 말 들어봤냥? 내가 어제 국어사전을 찾다가 알게 된 어휘다냥. '단속'
이랑 뜻이 똑같더라고냥. "사고가 나지 않게 취체를 철저하게 하세냥!" 어떠냥?

🐱 처음 들어보는 어휘다냥. 좀 있어 보인다냥! 나도 써볼까냥? "옛날에는 두발 취
체를 철저히 했다."

🐱 오, 좋구냥! 어휘를 알면 알수록 더 똑똑해지는 느낌이 든다냥.

# 가리키다

손가락으로 방향이나 대상을 집어서
보거나 말하거나 알릴 때 '가리키다'라는 표현을 써.
선생님께서 우리를 '가르치다'와 손가락으로 엄마께
사고 싶은 장난감을 콕 찍어서 '가르키다'는 다른 표현이야.

## 🐾 알아두면 똑똑해지는 서술어 친구들! 🐾

일컫다

**가리키다**

지목하다

손가락질하다

비슷한 말   반대말

# 8월 25일

# 다수결

 多  數 決

많을 다 　셈 수 　결단할 결

회의에서 많은 사람의
의견을 따라 결정하는 것.

## 🐾 냥냥이랑 재잘재잘 🐾

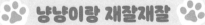

🐱 이미 다수결로 정했잖냥. 그러니 무조건 따라야 한다냥!

🐱 다수의 사람이 찬성한 의견이라고 꼭 옳은 건 아니다옹. 한두 명의 의견도 귀하게
　생각해야 한다옹. 소수의 의견도 존중해야 모두가 따를 수 있는 결정이 된다옹.

🐱 그럼 평소에도 내 의견에 좀 귀를 기울여 줘냥!

🐱 하하, 알겠옹.

# 5월 5일

# 어린이날:
## 어린이의 인격을 소중히 여기고,
## 어린이의 행복을 도모하기 위해 제정한 기념일

어린이날은 우리나라의 모든 어린이에게 꿈과 희망을 심어주고자
국가에서 제정한 기념일이에요. 미래 사회의 주역인 어린이가
티 없이 맑고 바르며 슬기롭고 씩씩하게 자랄 수 있도록
온 국민이 어린이 사랑 정신을 함양하는 날이지요.
3·1운동 이후 소파 방정환을 중심으로 우리나라 어린이들에게
민족의식을 불어넣고자 하는 운동이 활발해졌어요.
그리고 1923년 5월 1일, 색동회를 중심으로
소파 방정환을 포함한 9명이 어린이날을 공포하고
기념행사를 치름으로써 비로소 어린이날의 역사가 시작되었지요.
어린이날에는 곳곳에서 다양한 기념식을 한답니다.

# 도전! 냥냥이 퀴즈

1. 다음 중 '검토'할 필요가 <u>없는</u> 것은?
   ① 제품이 잘 만들어졌는지　　② 계산이 맞는지
   ③ 계획이 잘 세워졌는지　　④ 친구네 냉장고 안 식재료

2. 다음 중 '공공 기관'은?
   ① 백화점　　② 보건소　　③ 마트　　④ 영화관

3. 다음 중 '공익' 광고를 하기에 적합하지 않은 것은?
   ① 대화 예절　　② 환경 보호　　③ 금연　　④ 치킨

4. 다음 중 '공청회'에 참여할 수 있는 사람은?
   ① 지역 주민　　② 강아지　　③ 고양이　　④ 나비

5. 다음 중 '노후화'된 것은?
   ① 어제 산 신발　　② 오늘 산 가방
   ③ 내일 살 바지　　④ 20년 전 산 자동차

1. ④ 2. ② 3. ④ 4. ① 5. ④

**5월** **6일**

# 갉다

다람쥐가 도토리를 들고 먹는 모습을 본 적 있니?
다람쥐의 앞니처럼 날카롭고 뾰족한 끝으로
바닥이나 거죽을 박박 문지르는 모습을 표현할 때
'갉다'라는 표현을 써. 배추흰나비 애벌레가 알에서 나온 뒤에
자신을 싸고 있던 알을 갉아 먹는 것처럼 말이야.

## 알아두면 똑똑해지는 서술어 친구들!

갉다

긁다

갉아먹다

비슷한 말   반대말

**8월**            **23일**

## 😺 도전! 냥냥이 퀴즈 😺

1. ⬭ 란 어떤 사실이나 내용에 문제가 없는지 살피는 것을 의미한다.

2. 시청, 우체국, 경찰서 등처럼 공공의 일을 맡아보는 기관을 ⬭ 이라고 한다.

3. ⬭ 은 사회 전체의 이익을 말한다.

4. ⬭ 는 나라나 기관에서 중요한 결정을 앞두고 여러 사람의 의견을 들으려고 하는 모임이다.

5. 오래되거나 낡아서 쓸모없게 됨을 뜻하는 어휘는 ⬭ 이다.

1. 검토 2. 공공 기관 3. 공익 4. 공청회 5. 노후화

## 도전! 냥냥이 퀴즈

1. 모양이 있어서 보고 만질 수 있고, 생명이 없어 딱딱한 것을

                   라고 한다.

2.              는 계획을 세우거나 그 계획을 의미하는 말이다.

3. 사물이나 현상이 가지고 있는 특징을 뜻하는 어휘는          

   이다.

4.             는 이전에는 없었던 뛰어난 특성을 지닌 소재를

   통틀어 이르는 말이다.

5. 어떤 것이 쓰이는 데를 뜻하는 어휘는             이다.

1. 물체 2. 설계 3. 성질 4. 신소재 5. 쓰임새

# 전시하다

미술 시간에 완성한 작품을 교실 뒤 게시판에 걸어 두고
감상하잖아. 그런 것을 '전시하다'라고 말해.
'전시하다'는 여러 가지 물품을 한곳에 벌여 놓고 보게 한다는 의미야.

 알아두면 똑똑해지는 서술어 친구들!

선보이다

**전시하다**

전람하다

게시하다

비슷한 말   반대말

# 5월 8일

##  도전! 냥냥이 퀴즈

1. 다음 중 물체와 '물질'의 관계가 잘못 연결된 것은?
   ① 책 - 종이                    ② 고무장갑 - 고무
   ③ 유리컵 - 플라스틱          ④ 수저 - 금속

2. 설계, 설립 모두 '세우다'라는 뜻을 가지고 있다. ( O, X )

3. ( 금속, 고무 )는 단단하고, ( 금속, 고무 )는 늘어났다가 줄어드는 성
   질이 있다.

4. 다음 중 '신'이 새롭다는 뜻으로 사용된 것이 <u>아닌</u> 것은?
   ① 신소재        ② 신기록        ③ 신발        ④ 신제품

5. 다음 중 '쓰임새'와 바꾸어 써도 비슷한 뜻을 가지는 단어가 <u>아닌</u>
   것은?
   ① 쓸데          ② 용도          ③ 쓸모          ④ 쓸쓸

1. ③ 2. ○ 3. 금속, 고무 4. ③ 5. ④

# 8월 21일

# 일으키다

우리 몸에 있는 세균들은 병을 일으키지?
세균들이 병을 일으키게 하지 않기 위해서는 손을 깨끗이 씻으면 된대.
여기서 '일으키다'는 '무엇이 일어나게 하다, 시작하거나 흥하게 만든다'
라는 뜻을 가지고 있어.

## 🐾 알아두면 똑똑해지는 서술어 친구들! 🐾

세우다
무너지다
일으키다
야기하다
벌이다
내려앉다
망하다

비슷한 말　반대말

# 친환경

## 親 環 境

친할 친    고리 환    지경 경

자연환경을 오염하지 않고
자연 그대로의 환경과 잘 어울리는 일.

## 😺 냥냥이랑 재잘재잘 😺

난 요즘 지구 환경을 위해 친환경 인증 마크가 붙은 문구류를 사고 있옹.

우리 엄마도 친환경 인증 마크가 있는 식품을 사려고 노력하셔. 요즘에는 태양을 이용한 태양열, 바람을 이용한 친환경 에너지 비중도 점점 커지고 있옹.

그런데 너 문구류를 너무 자주 사는 거 아니냥?

예쁜 게 많은 걸 어떡하옹!

8월 20일

# 노후화

老 朽 化

늙을 노 　 썩을 후 　 될 화

오래되거나 낡아서
쓸모가 없게 됨.

## 🐾 냥냥이랑 재잘재잘 🐾

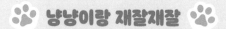

🐱 우리 집 건물이 너무 '노후화'되었옹. 나도 점점 '노후화'되고 있고냥.

🐱 너는 '노후화'가 아니라 '노화'되는 거겠지옹. 늙어서 몸과 마음이 약해지는 것
을 '노화'라고 하니까 말이옹.

🐱 나는 노화는 싫다냥. 난 계속 젊게 살고 싶다는 말이양.

🐱 나도!

# 5월 10일

# 흡수

吸 收

마실 흡    거둘 수

물기 같은 것을
안으로 빨아들이는 것.

## 🐾 냥냥이랑 재잘재잘 🐾

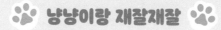

😺 밖에 있는 것을 안으로 모으는 것을 '흡수'라고 하는데, 그럼 안에 있는 것을 밖으로 밀어 내보내는 것은 뭐라고 하냥?

😼 그건 내가 잘 알아. 뿌~~~웅!

😺 으악! 너 방귀 뀌었냥? 냄새가 지독해냥.

😼 내 안에 있는 가스를 바깥으로 '배출'해 봤옹. 흡수의 반대말을 알려 준거옹!

# 공청회

公 聽 會

공평할 공    들을 청    모일 회

나라나 기관에서 중요한 결정을 앞두고
여러 사람의 의견을 들으려고 하는 모임.

## 냥냥이랑 재잘재잘

'공청회'도 어려운 말인데 '청문회'는 또 뭐냥?

'청문회'는 국가 기관에서 사람들을 불러서 어떤 문제에 대해 내용을 듣고 물어
보는 제도다옹. '공청회'는 참고 의견을 듣는 것이어서 공청회가 끝나도 처벌하
지 않지만, '청문회'는 증거를 찾는 것이어서 처벌을 할 수도 있다냥.

공청회는 가 보고 싶지만, 청문회는 가 보고 싶지 않구냥.

# 갓

이제 막.
비슷한 말로 금방, 금세,
막, 방금 따위가 있음.

## 🐾 냥냥이랑 재잘재잘 🐾

 '갓'은 이제 막을 뜻하는 말이옹. 그래서 '갓'이라는 단어가 있을 때 '이제 막'으로 바꾸어 읽어 보면 뜻을 이해하기가 더 쉬울 거옹.

 갓 지은 밥, 갓 태어난 강아지, 갓 졸업한 학생처럼 말이냥?

 응, 맞아. 그런데 똑같은 '갓'이란 단어가 예전에 남자 어른들이 머리에 쓰던 모자 같은 것을 의미하기도 하옹.

# 8월 18일

# 공익

공평할 공    더할 익

사회 전체의 이익.

## 🐾 냥냥이랑 재잘재잘 🐾

모두가 다 같이 행복하려면 항상 공익을 먼저 생각해야겠지냥?

하지만 공익을 위해 개인의 이익을 무조건 희생하는 건 옳지 않다고 생각하옹. 전체의 이익도 중요하지만, 개인의 이익도 존중해야 하지 않을까냥?

그래도 난 공익이 더 중요하다고 생각한다냥. 그러니 우선 우리가 함께 행복할 수 있도록 너의 용돈을 나를 위해 희생하면 안 될까냥? 하하하!

# 곤충

## 昆 蟲

맏 곤    벌레 충

나비, 잠자리, 벌 등과 같이 머리, 가슴, 배의 세 부분으로 되어 있고
몸에 마디가 많은 작은 동물.

## 🐾 냥냥이랑 재잘재잘 🐾

 난 요즘 곤충에 관심이 많옹. 번데기 단계를 거치는 곤충도 있고, 애벌레에서
바로 성충이 되는 곤충도 있옹. 곤충은 머리, 가슴, 배 세 부분이고, 다리는 6개
양. 곤충 중에는 우리 생활에 이로운 것도 있고, 모기처럼 해로운 것도 있옹.

 거미는 다리가 8개이고, 머리와 몸으로 나누어져서 곤충이 아니라고 하더라옹.
거미도 곤충인 줄 알았는데 아니라닝.

# 공공 기관

公 共 機 關

공평할 공  한가지 공  틀 기  관계할 관

시청, 우체국, 경찰서 등처럼
공공의 일을 맡아보는 기관.

 냥냥이랑 재잘재잘

 영화관은 사람들이 함께 이용하는 곳이니 공공 기관이냥?

영화관은 '공공장소'다옹. 공원, 버스, 기차, 지하철, 백화점, 영화관, 마트 등은 공공 기관이 아니라 공공장소라고 한다냥. 공공장소는 모두가 함께 쓰는 장소를 말한다냥.

아하! 그래서 영화관은 공공 기관이 아니라 공공장소구냥.

# 도감

## 圖 鑑

그림 도    거울 감

그림이나 사진을 모아
실물 대신 볼 수 있도록 엮은 책.

## 🐾 냥냥이랑 재잘재잘 🐾

 도감이라고 할 때 '도'는 그림을 뜻하는 말이양. 그렇다면 수학 시간에 삼각형, 사각형, 원처럼 그림으로 형태를 나타낸 것을 무엇이라고 할까냥?

도형! 와, 그것도 그림이구냥.

응, 땅 모양을 그림으로 나타낸 지도, 글과 그림으로 표현한 것을 통틀어 도감 이라고 한다냥.

# 검토

검사할 검　　칠 토

어떤 사실이나 내용에
문제가 없는지 살피는 것.

## 냥냥이랑 재잘재잘

🐱 모둠에서 각자 맡은 부분 해 왔냥? 제대로 되었는지 검사해 보자냥.

🐱 제대로 되었는지 함께 찬찬히 살피는 건 '검토'라고 한다냥. '검사'는 옳고 그름이
　 나 좋고 나쁨을 따져 판단하는 일을 뜻해. 그러니 검사는 선생님이 하실 일이옹.

🐱 쳇, 내가 검사할 수도 있는 거 아니냥?

🐱 내가 해온 것을 너한테 보여주고 싶지 않다옹!

# 구별하다

세상에 나와 똑같이 생긴 가짜가 있다면
사람들은 진짜 나와 가짜 나를 구별할 수 있을까?
어떤 것이 진짜인지 가짜인지 구분하는 것처럼
성질이나 종류에 따라 갈라놓는 것을 '구별하다'라고 해.

## 알아두면 똑똑해지는 서술어 친구들!

가르다

**구별하다**

분류하다

구분하다

# 광복절:

## 한민족이 35년간의 일본의 압제에서 나라를 되찾은 것을 기념하는 날

1945년 8월 15일, 일본은 연합국에 무조건 항복을 선언하였어요.
덕분에 우리는 나라를 되찾았고, 일제에 의해 강제 동원된 사람들은
고국으로 돌아올 수 있었어요. 3년이 흐른 1948년 8월 15일,
우리나라는 대한민국 정부수립을 선포함으로써
이날의 역사적 의의를 드높였지요.
이때부터 8월 15일은 광복과 정부수립의 두 의미를 지닌 날이 되었어요.
1987년 8월 15일에는 독립기념관이 열렸고요.
8월 15일에는 한 민족의 분단된 상태를 의식하여 끊임없이
남북 간에 민족 통일을 향한 회담이나 선언이 이루어지기도 한답니다.

# 5월 15일

# 돌보다

네가 아주 어렸을 때부터 부모님께서는 네게 필요한 것은 무엇인지,
불편한 점은 무엇인지 관심을 가지고 보호하며 보살펴 주셨지.
어떤 대상을 관심을 가지고 보살피는 것을 '돌보다'라고 해.
'손자를 돌보다.', '건강을 돌보다.', '집안일을 돌보다.'처럼 표현할 수 있어.

 알아두면 똑똑해지는 서술어 친구들!

거두다

 돌보다

꾸리다

도와주다

 비슷한 말    반대말

**8월** **14일**

## 도전! 냥냥이 퀴즈

1. 나라의 독립을 위해 광복군이 ( 창설 , 창조 )되었다.

2. 다음 중 '토의' 주제로 알맞은 것은?

　① 탕수육, 부먹? 찍먹?　　　② 교실을 깨끗이 하는 방법은?

　③ 학원은 꼭 다녀야 할까?　　④ 주말에는 꼭 씻어야 할까?

3. 다음 중 '갈등'을 해결하는 방법이 <u>아닌</u> 것은?

　① 서로 양보하기　　　　　② 서로의 입장 이해하기

　③ 서로 노려보기　　　　　④ 서로의 말에 귀 기울이기

4. 다음 중 '강화'의 반대말은?

　① 중화　　　② 약화　　　③ 약과　　　④ 악화

5. 다음 중 사람들의 의견을 듣기 위해 설치하는 것은?

　① 우편함　　　② 건의함　　　③ 청소함　　　④ 분리수거함

# 5월 16일

##  도전! 냥냥이 퀴즈

1. _____은 자연환경을 오염하지 않고 자연 그대로의 환경과 잘 어울리는 일을 뜻한다.

2. 물기 같은 것을 안으로 빨아들이는 것을 _____라고 한다.

3. _____은 '이제 막'이라는 뜻을 가진 말이다.

4. 나비, 잠자리, 벌 등과 같이 머리, 가슴, 배의 세 부분으로 되어 있고 몸에 마디가 많은 작은 동물은 _____이다.

5. 그림이나 사진을 모아 실물 대신 볼 수 있도록 엮은 책을 _____이라 한다.

8월  13일

## 도전! 냥냥이 퀴즈

1. 기관, 단체를 처음으로 설치하거나 세움이라는 뜻의 어휘는 (　　　　　　　)이다.

2. 해결해야 할 문제에 대해 서로 생각을 주고받으면서 의견을 나누는 것은 (　　　　　　　)이다.

3. 마음이나 의견이 서로 맞지 않아 부딪치고 맞서는 것을 뜻하는 어휘는 (　　　　　　　)이다.

4. (　　　　　　　)는 힘과 세력이 더 강해지는 것이다.

5. 회의에서 개인이나 단체가 의견이나 희망을 내놓음을 뜻하는 어휘는 (　　　　　　　)이다.

# 5월          17일

## 😺 도전! 냥냥이 퀴즈 😺

1. 다음 중 '친환경'과 어울려 쓰기에 <u>어색한</u> 것은?

　① 식품　　　② 에너지　　　③ 소재　　　④ 친구

2. 안에 있는 것을 바깥으로 내보낸다는 말로, '흡수'의 반대말은?

　① 배려　　　② 배수　　　③ 배출　　　④ 배

3. 다음 중 밑줄 친 부분을 '이제 막'이라는 뜻으로 바꾸어 쓰기 <u>어색한</u> 것은?

　① <u>갓</u> 볶은 커피　　　　　② <u>갓</u> 입학한 학생

　③ <u>갓</u> 태어난 아이　　　　④ <u>갓</u> 쓴 아저씨

4. 다음 중 곤충이 <u>아닌</u> 것은?

　① 벌　　　② 거미　　　③ 나비　　　④ 잠자리

5. 다음 중 다양한 꽃을 조사하기 위해 보기 적당한 책은?

① 식물 도감　　② 국어 사전　　③ 수학 교과서　　④ 사진첩

1. ④ 2. ③ 3. ④ 4. ② 5. ①

# 엿보다

된장찌개를 좋아하니? 된장은 우리의 전통 발효 식품으로,
맛도 좋고 영양가도 많아 세계적으로 인정받고 있어.
우리 조상들의 지혜를 엿볼 수 있지.
잘 드러나지 않은 마음을 알아내려고 살핀다는 뜻을 가진
'엿보다'를 이럴 때 사용해.

## 🐾 알아두면 똑똑해지는 서술어 친구들! 🐾

들여다보다

**엿보다**

눈여겨보다

살피다

비슷한 말   반대말

# 멸종

## 滅 種

꺼질 멸   씨 종

생물의 한 종류가
아주 없어짐.

## 😺 냥냥이랑 재잘재잘 😺

🐱 내가 좋아하는 자이언트 판다가 멸종 위기 동물인데 완전히 사라져버리면 어떡하냥? 슬프옹.

🐱 세계자연보전연맹(IUCN)에서는 멸종 위험 정도에 따라 멸종 위기 동식물을 9개의 범주로 나누어 분류해 보호하고 있옹. 자이언트 판다가 멸종하지 않도록 힘쓰고 있으니 슬퍼하지 마옹.

🐱 생물이 멸종되지 않도록 지구 환경을 지키는 데 힘써야겠옹.

# 여기다

누가 시키지도 않았는데 네가 주말 내내 책을 읽고, 방을 청소하고,
설거지까지 한다면 부모님은 어떻게 생각하실까?
아마 기특하게 여기실 거야.
'여기다'는 마음속으로 그러하다고 인정하거나 생각한다는 말이야.

## 🐾 알아두면 똑똑해지는 서술어 친구들! 🐾

간주하다

생각하다

### 여기다

알다

 비슷한 말    반대말

# 번식

## 繁 殖

번성할 번　불릴 식

생물체의 수나 양이
늘어나고 많이 퍼짐.

## 🐾 냥냥이랑 재잘재잘 🐾

 우리 밭에 개미가 엄청 많아졌옹. 번식 속도가 빠른 것 같옹.

 '번식'은 알겠는데 '생식'은 뭐냥? 같은 말이냥?

 '생식'은 생물이 자기와 닮은 개체를 만들어 종족을 유지하는 거양. '생식'을 통해 '번식'이 이루어지고, '번식'이 더 넓은 의미로 쓰이옹. 동물에게는 짝짓기, 출산, 육아가 번식에 포함되고, 식물에게는 꽃가루받이, 열매 맺기, 씨 퍼뜨리기가 포함되옹.

# 건의

建 議

세울 건    의논할 의

회의에서 개인, 단체가
의견이나 희망을 내놓음.

## 🐾 냥냥이랑 재잘재잘 🐾

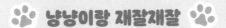

🐱 도서관의 게시판 색깔이 너무 어둡지 않냥? 상큼한 초록색이 더 좋을 것 같옹.

🐱 도서관에 건의해 보자냥.

🐱 '건의'와 '의견'의 차이를 네가 알고 있구냥. 어떤 현상에 대해 가지고 있는 생각
이 '의견'이라면, 그 의견을 사람들에게 내놓는 것을 '건의'라고 하지옹.

🐱 그럼 이 경우에는 '건의'한다는 게 맞는 표현이구냥.

# 불완전

## 不 完 全

아닐 불 　 완전할 완 　 온전할 전

완전하지 않거나
완전하지 못함.

## 😺 냥냥이랑 재잘재잘 😺

🐱 '아니다'라는 뜻을 나타내고 싶을 때 '불'이라는 말을 쓰기도 하옹. '불'은 한자로 '아니다'라는 뜻이옹.

🐱 완전하지 않은 것을 '불완전'이라고 하는 것처럼 말이냥?

🐱 그렇냥. 그러면 공정하지 않은 것을 뭐라고 할까냥?

🐱 '불공정', 맞냥? 균형이 맞지 않는 것은 '불균형', 가능하지 않은 것은 '불가능'!

# 강화

## 强 化

강할 강    될 화

세력이나 힘을
더 강하고 튼튼하게 함.

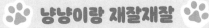

## 😺 냥냥이랑 재잘재잘 😺

🐱 요즘 우리 집에서는 우리 엄마의 힘이 점점 강화되고 있옹.

🐱 그게 무슨 일이다냥? 너희 집은 아빠의 의견이 더 강하다고 하지 않았냥?

🐱 얼마 전, 아빠가 엄마 생일을 깜빡한 뒤부터 아빠의 목소리가 작아지고 있옹.
힘과 세력이 약화되는 아빠를 보니 조금 안쓰러워옹.

🐱 그럴 만도 하구옹.

# 사육

飼 育

기를 사    기를 육

어린 가축이나 짐승이
자라도록 먹이어 기름.

## 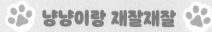 냥냥이랑 재잘재잘

'사육'이라는 말은 '기를 사'와 '기를 육'이라는 한자가 합쳐진 말이옹.

기르기와 기르기? 그럼 '사육'을 순우리말로 바꾸면 '기르기'인 거냥?

맞냥! 나도 이제부터 순우리말을 더 많이 써야겠옹. 소 기르기, 배추흰나비 기르기처럼 말이양.

8월      8일

# 갈등

葛    藤

칡 갈    등나무 등

마음이나 의견이 서로 맞지 않아
부딪치고 맞서는 것.

## 😺 냥냥이랑 재잘재잘 😺

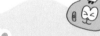

🐱 싸우고 난 뒤 화해를 하면 사이가 다시 좋아지니까, '갈등'의 반대는 '화해'냥?

😺 '융화'라는 말이 있다옹. 서로 갈등 없이 사이좋게 어울린다는 뜻이다냥. '화해'
가 싸움을 멈춘 뒤에 사이좋게 지내는 거라면, '융화'는 처음부터 갈등 없이 사
이좋게 지내는 거다냥.

🐱 싸우고 나서 화해하는 것도 좋겠지만, 싸움 없이 융화하여 사는 것이 더 좋겠다옹.

# 암수

순우리말. 암컷과 수컷을 아울러 이르는 말.
암수의 구별이 있는 동물에서
새끼를 배는 쪽을 암컷,
새끼를 배지 아니하는 쪽을 수컷이라고 함.

## 🐾 냥냥이랑 재잘재잘 🐾

🐱 사람은 여자, 남자가 있고, 동물도 암컷, 수컷이 있잖냥. 그렇다면 식물도 암수가 있냥?

🐱 응, 있옹. 그런데 식물은 암수가 한 몸에 있기도 하다냥. 벚꽃이나 장미 같은 경우에는 하나의 꽃 안에 암술과 수술이 모두 있옹. 또 소나무나 호박 같은 경우는 암꽃과 수꽃이 각각 나누어져 있고냥.

🐱 신기하냥. 우리가 보는 꽃이 다 같은 게 아니었구냥.

# 토의

討 議

칠 토  의논할 의

어떤 문제를 두고 서로
생각을 주고받으면서 의견을 나누는 것.

## 🐾 냥냥이랑 재잘재잘 🐾

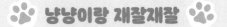

🐱 현장 체험 학습을 어디로 가면 좋을지 함께 토론하자옹.

🐱 그럴 땐 '토론'이 아니라 '토의'를 한다고 한다옹. '토론'은 보통 찬성과 반대의 입
장에서 상대방을 설득하는 것이 목적이다냥. '토의'는 어떤 문제에 대하여 검토
하고 협의하는 거다냥.

🐱 그럼 우리는 토의를 해보자옹. 어디로 갈까냥?

# 끌어당기다

책상에 바른 자세로 앉으려면 의자를 뒤로 기대듯이 앉으면 안 되고
책상 가까이에 끌어당겨 앉아야 해. 무엇인가를 끌어서
가까이 오게 만드는 것을 표현할 때 '끌어당기다'라고 해.
자석이 클립을 끌어당기는 것, 추울 때 이불을 끌어당기는 것처럼 말이야.

## 🐾 알아두면 똑똑해지는 서술어 친구들! 🐾

끌어오다

잡아당기다

**끌어당기다**

밀어내다

끌다

 비슷한 말  반대말

# 8월 6일

# 창설

創 設

비롯할 창　베풀 설

기관이나 단체를
처음으로 세움.

## 🐾 냥냥이랑 재잘재잘 🐾

 우리 말에는 비슷한 말들이 많아서 헷갈릴 때가 있다냥. '창설'과 '창립'은 어떤 차이가 있냥?

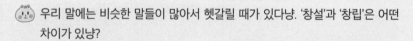 둘 다 기관이나 단체를 세운다는 의미가 있으므로 별 차이가 없긴 하다냥. '창설'은 군대나 부대에 사용되는 경우가 많고, '창립'은 학교나 연구소 등에 사용되는 경우가 많다냥.

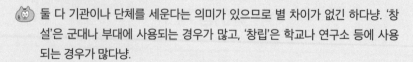 난 어른이 되면 놀기만 하는 학교를 창립할 거다냥. 하하!

**5월** **24일**

# 띄우다

체육 시간에 친구들과 함께 풍선을 바닥에 닿지 않도록 손으로
튕겨본 적 있니? 물을 더 시원하게 만드려고 얼음을 물 위에 올려본 적은?
어떤 물건이 물 위나 공중에 있을 수 있도록 하는 것을 '띄우다'라고 해.
'분위기를 띄우다.'처럼 물체가 아닌 경우에도 활용할 수 있어.

## 🐾 알아두면 똑똑해지는 서술어 친구들! 🐾

올리다

**띄우다**

가라앉히다

 비슷한 말  반대말

# 8월 5일

 도전! 냥냥이 퀴즈

1. 다음 중 역사적 인물 소개 자료를 '구성'할 때 꼭 필요한 내용은?
   ① 인물의 혈액형          ② 인물이 한 일
   ③ 인물의 잠버릇          ④ 인물이 좋아하던 연예인

2. 글을 이루고 있는 구절을 ( 문구 , 문구점 )이라고 한다.

3. 다음 중 '복원'해야 하는 것은?
   ① 훼손된 경복궁          ② 엎질러진 물
   ③ 찢어진 청바지          ④ 부러진 연필

4. 다음 중 위인과 '업적'의 연결이 바르지 않은 것은?
   ① 세종대왕 - 한글 창제      ② 이순신 - 거북선 제작
   ③ 유관순 - 독립운동        ④ 신사임당 - 신사복 재단

5. 내가 가장 '존경'하는 인물은 (              )입니다.

1. ② 2. 문구 3. ① 4. ④ 5. 생략

**5월** **25일**

## 🐾 도전! 냥냥이 퀴즈 🐾

1. 생물의 한 종류가 아주 없어지는 것을 뜻하는 어휘는
   이라고 한다.

2. 생물체의 수나 양이 늘어나고 많이 퍼짐을 뜻하는 말은
   이다.

3. 은 완전하지 않거나 완전하지 못함을 뜻하는 말
   이다.

4. 어린 가축이나 짐승이 자라도록 먹이어 기르는 것을
   이라고 한다.

5. 암컷과 수컷을 아울러 라고 한다.

# 8월 4일

## 😺 도전! 냥냥이 퀴즈 😺

1. ( )은 몇 가지 부분이나 요소들을 모아서 전체를 짜는 것을 의미한다.

2. ( )는 글을 이루고 있는 구절을 뜻한다.

3. 사물을 원래 상태로 되돌리는 것은 ( )이다.

4. 일이나 연구 등에서 노력하여 이룬 성과를 ( )이라고 한다.

5. 남의 인격, 사상, 행위를 받들어 공경함을 의미하는 어휘는 ( )이다.

# 도전! 냥냥이 퀴즈

1. 세계자연보전연맹(IUCN)은 멸종 위험 정도에 따라 총 멸종 위기 동
   식물을 5개의 범주로 나누었다. ( O, X )

2. 다음 중 동물의 번식 활동에 포함되지 <u>않는</u> 것은?
   ① 출산　　　　② 육아　　　　③ 짝짓기　　　　④ 꽃가루받이

3. 다음 중 '아니다'라는 의미의 '불'로 시작하는 어휘는?
   ① 불완전　　　② 불조심　　　③ 불고기　　　④ 불가사리

4. 다음 중 동물원에서 동물을 기르고 훈련하는 일을 하는 사람은?
   ① 경찰관　　　② 소방관　　　③ 의사　　　　④ 사육사

5. 모든 식물은 암수가 한 몸에 있다. ( O, X )

# 배치하다

도서관에 갔더니 책들이 종류별로 꽂혀 있어서 찾기가 쉬웠어.
일정한 차례나 간격에 따라 벌여 놓은 것을 '배치하다'라고 해.
이 경우에는 '도서관에 책이 잘 배치되어 있다.'라고 말할 수 있지.

 **알아두면 똑똑해지는 서술어 친구들!**

나누어 두다

배치하다

안배하다

배정하다

비슷한 말   반대말

# 완전

## 完 全

완전할 완  온전할 전

모자람이나
흠이 없음.

## 🐾 냥냥이랑 재잘재잘 🐾

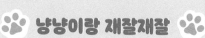

😺 '완전'과 비슷하게 쓸 수 있는 말이 있냥?

😺 부족한 게 없고 모자라는 게 없는 것을 뜻하는 말이니까 '완벽'과 비슷하옹.

😺 '완전'의 반대말은 '불완전'이잖냥. 그럼 '완벽'의 반대말은 '불완벽'이냥?

😺 '불완벽'이란 단어는 없옹. 반대말이라고 다 앞에 '불'을 붙이지는 않옹.

# 대항하다

뉴스에서 무기를 든 강도와 맞선 용감한 시민의 이야기를
들어 본 적 있니? 어려운 상황 속에서도 굽히거나 지지 않으려고
맞서서 버티는 것, 이것을 '대항하다'라고 표현해.

## 🐾 알아두면 똑똑해지는 서술어 친구들! 🐾

대들다

저항하다

**대항하다**

덤비다

항복하다

굴복하다

손들다

 비슷한 말  반대말

# 탈바꿈

순우리말. 원래의 모양이나 형태를 바꿈.
동물이 성장하는 과정에서
새끼 때부터 큰 형태 변화를 거쳐 성체가 되는 현상.
'변태'라고도 함.

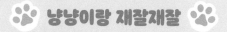

## 냥냥이랑 재잘재잘

 나 어떠냥? 완전 '탈바꿈'했지 않냥?

 하하. 탈바꿈이 무슨 뜻인지 알옹? 포유류나 조류, 파충류와 같이 기본적인 몸 구성은 변하지 않고 성체가 되는 경우에는 탈바꿈이라고 하지 않옹. 또 새끼가 알에서 태어나는 경우에도 겉으로 보기에는 변화가 크지만 탈바꿈이 아니냥.

# 존경

尊 敬

높을 존    공경 경

남의 인격, 사상, 행위를
받들어 공경함.

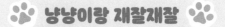

## 냥냥이랑 재잘재잘

 '공경'이란 공손히 받들어 모신다는 뜻이다냥. 나이가 많은 어르신들을 모두 존경한다고 할 수는 없지만, 공손히 대하는 것은 기본 예의다냥.

 그렇다면 난 우리 할아버지를 존경하니까 더욱 공경해야겠다고 말할 수 있겠구냥.

 그렇게 말할 수 있다냥. 나도 우리 부모님을 존경하고 공경하고 싶다냥. 요즘 엄마 말씀을 듣기 싫어서 틱틱댔는데 찔리는 구냥.

# 한살이

순우리말.
생물이 태어나서 어린 시절을 거치며 성장하여
자손을 남기고 죽을 때까지의 과정.

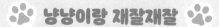
## 🐾 냥냥이랑 재잘재잘 🐾

🐱 난 식물의 한살이 과정을 다 지켜봤옹.

🐱 곤충의 한살이도 지켜봤냥?

🐱 실제로 본 적은 없지만 알고는 있옹. 곤충은 알, 애벌레, 번데기의 시기를 거쳐
어른벌레로 자라는데, 번데기 시기를 거치지 않고 어른벌레가 되는 것도 있옹.

🐱 신기하구냥!

# 업적

## 業 績

업 업 길쌈할 적

일이나 사업, 연구 등에서
노력하여 이루어 낸 결과.

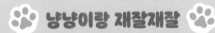

### 냥냥이랑 재잘재잘

 어제 벼룩시장에서 내가 요즘 쓰지 않는 물건을 팔았는데 업적이 좋았다냥. 하하!

 그럴 때는 '업적'이 아니고 '실적'이라고 한다웅. '실적'은 어떤 일을 통해 실제로 이룬 업적이나 공적이라, '업적'과 사전적 의미가 크게 다르지는 않옹. 하지만 위인들이 이룩한 일을 말할 때는 주로 '업적'이라고 한다냥. '실적'은 판매 실적, 수출 실적 등을 나타낼 때 사용한다냥.

# 허물

순우리말.
파충류나 곤충류가
탈바꿈하면서 벗는 껍질.

## 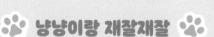 냥냥이랑 재잘재잘

🐱 허물은 파충류나 곤충류가 벗은 껍질이잖옹. 우리 엄마는 친구들과 허물없이 지내라고 하시던데, 그럼 친구들과 껍질 없이 지내라는 말이냥? 좀 이상하지 않냥?

🐱 엄마께서 말씀하신 '허물없이'는 서로 매우 친하여, 체면을 돌보거나 조심할 필요가 없다는 의미양. 한마디로 서로 친하게 지내라는 말씀이옹.

🐱 그럼 우리 더 친해지게 오늘 당장 파자마 파티부터 할까냥?

# 복원

## 復 元

회복할 복     으뜸 원

사물을 원래 상태로
되돌림.

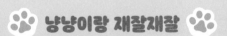

🐱 이번 주말에 태풍으로 무너진 담벼락을 복원해야 한다냥.

😺 너희 집 담벼락이 무슨 문화재냥? 그럴 때는 '복원'이 아니라 '복구'라고 한다냥. '복구'는 손상되기 이전의 상태로 회복되게 한다는 말이냥. 그래서 너희 집 담벼락과 문화재 둘 다에 쓸 수 있다냥. 하지만 '복원'은 문화재나 건물 대상으로 사용하는 말이라 무너진 담벼락에는 사용하진 않는다옹.

# 5월 31일

# 고정

## 固 定
굳을 고    정할 정

한번 정한 대로 변경하지 않음.
또는 한곳에 꼭 붙어 있거나 붙어 있게 함.

## 🐾 냥냥이랑 재잘재잘 🐾

😺 과학은 아무리 해도 어려운 게 분명하옹. 열심히 공부했다고 생각했는데, 시험 점수가 나쁘옹.

😼 그건 잘못된 생각이양. 과학이 어렵다는 고정 관념을 버려냥.

😺 고정 관념이 뭐냥?

😼 마음속에 굳어 있어 변하지 않는 생각이옹.

# 문구

文 句

글월 문     글귀 구

글을 이루고 있는
구절.

## 🐾 냥냥이랑 재잘재잘 🐾

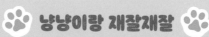

🐱 '아는 것이 힘이다'라는 문구 알옹?

😺 철학자 베이컨이 한 명언 아니냥. 사리에 맞는 훌륭한 말, 널리 알려진 말은 '문
구'보다는 '명언'이라고 한다냥.

🐱 난 누가 한 말인지는 몰랐다냥. '아는 것이 힘'이라는 말은 너에게 딱 어울리는
명언이다냥. 너는 아는 것이 정말 많은 똑똑한 친구라옹!

# 6월 1일

# 팽팽하다

운동회 때 줄다리기를 하다 보면
양쪽에서 서로 줄을 잡아당기다 보니 줄이 단단해지고 쭉 펴지잖아.
늘어지지 않고 반듯하게 펴져 있는 상태를 이야기할 때
'팽팽하다'라고 해.

## 🐾 알아두면 똑똑해지는 서술어 친구들! 🐾

단단하다

**팽팽하다**

늘어지다

비등비등하다

빳빳하다

비슷한 말 반대말

# 구성

## 構 成

얽을 구    이룰 성

몇 가지 부분이나 요소들을 모아서 일정한 전체를 짜 이룸.
또는 그 이룬 결과.

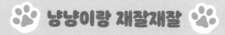

### 냥냥이랑 재잘재잘

🐱 우리 팀이 이기려면 작전을 어떻게 구성해야 할까냥?

🐱 작전은 '구성'한다고 하기 보다는 '구상'한다는 말이 더 적절하옹. '구상'은 앞으로 하려는 일의 내용이나 과정을 이러저리 생각한다는 뜻이옹. 팀을 누구로 구성해야 좋을지, 작전은 어떻게 구상할 것인지…….

🐱 말이 비슷하니 헷갈려옹. 작전 구상도 하기 전에 벌써 머리가 아프다냥.

# 흩어지다

아이들과 함께 술래잡기를 할 때, 가위바위보를 하고
술래가 결정되면 나머지 친구들은
술래에게서 멀리 떨어져 여러 곳으로 도망가잖아.
모여 있던 것이 따로 떨어지거나 사방으로 퍼질 때 '흩어지다'라고 해.

## 🐾 알아두면 똑똑해지는 서술어 친구들! 🐾

떨어지다

퍼지다

**흩어지다**

모이다

흐트러지다

비슷한 말    반대말

# 🐾 도전! 냥냥이 퀴즈 🐾

1. 다음 중 물건을 사고팔 때 주고받는 것은?
   ① 화폐       ② 돌멩이       ③ 음식       ④ 쓰레기

2. 다음 중 '가상' 면담을 해야 하는 사람은?
   ① 담임 선생님     ② 내 친구     ③ 세종대왕     ④ 우리 가족

3. 다음 중 '건설'하는 것이 <u>아닌</u> 것은?
   ① 아파트       ② 도로       ③ 다리       ④ 책가방

4. 다음 중 박물관은 '견학'하기 좋은 장소입니다. ( O, X )

5. 다음 중 미술품 '관람'을 하러 가는 곳은?
   ① 영화관       ② 미술관       ③ 축구장       ④ 공연장

1. ① 2. ③ 3. ④ 4. ○ 5. ②

**6월** **3일**

## 도전! 냥냥이 퀴즈

1. 모자람이나 흠이 없음을 뜻하는 어휘는 ⬭ 이다.

2. ⬭ 은 원래의 모양이나 형태를 바꾸는 것이다.

3. 생물이 태어나서 어린 시절을 거치며 성장하여 자손을 남기고 죽을 때까지의 과정을 ⬭ 라고 한다.

4. ⬭ 은 파충류나 곤충류 따위가 자라면서 벗는 껍질이다.

5. 한 곳에 꼭 붙어 있거나 붙어 있게 하는 것을 뜻하는 어휘는 ⬭ 이다.

**7월** **26일**

## 도전! 냥냥이 퀴즈

1. ⬭ 는 물건을 사고팔 때 물건값으로 주고받는 종이나 쇠붙이로 만든 돈을 이르는 말이다.

2. 사실이 아니거나 사실 여부가 분명하지 않은 것을 사실이라고 가정하여 생각함을 뜻하는 어휘는 ⬭ 이다.

3. 건물, 시설 등을 새로 만들어 세운다는 말은 ⬭ 이다.

4. 어떤 장소를 직접 방문하여 실제로 보고 그 일에 관한 지식을 배우는 것은 ⬭ 이다.

5. ⬭ 은 연극, 영화, 운동 경기, 미술품을 구경함을 뜻한다.

**6월**　　　　　　　　　　　　　**4일**

##  도전! 냥냥이 퀴즈

1. '완전'과 비슷한 말은 ( 완벽, 불완전 )이고, 반대말은 ( 완벽, 불완전 )
　이다.

2. 다음 중 곤충이 번데기 단계를 거치는 것을 가리키는 말은?
　① 완전 탈바꿈　② 완전 탈춤　③ 완전 탈락　④ 완전 탈출

3. 배추흰나비는 알 → 애벌레 → 번데기 → 어른벌레의 (　　　　　　　)
　과정을 거친다.

4. 배추흰나비 애벌레는 (　　　　　　　)을 벗을 때마다 몸의 크기가
　커진다.

5. 마음속에 굳어 있어 변하지 않는 생각을 (　　　　　　　) 관념이라
　고 한다.

# 7월 25일

# 활용하다

책이 재미있어서 쉬는 시간마다 읽었더니 하루 만에 다 읽었어. .
시간을 충분히 잘 이용하였으니 시간을 잘 '활용하다'라고 말할 수 있어.
시간 외에 또 무엇을 활용해볼 수 있을까?

## 🐾 알아두면 똑똑해지는 서술어 친구들! 🐾

쓰다

이용하다

**활용하다**

허비하다

응용하다

 비슷한 말

 반대말

# 극

極

다할 극

전지에서 전류가 드나드는 양극과 음극.
또는 자석에서 자력이 가장 센 N극과 S극.

## 🐾 냥냥이랑 재잘재잘 🐾

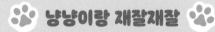

😺 오늘은 과학 시간에 자석의 극에 대해 배웠옹. 자석의 양쪽 끝이 가장 힘이 센 곳
이옹.

😼 지구의 양쪽 끝, '북극'과 '남극'에서도 '극'이라는 말을 쓰옹. 또 건전지에서 '+'
표시된 부분을 '양극', '−' 표시된 부분을 '음극'이라고 하옹. 어떤 정도가 더할 수
없을 만큼 막다른 지경도 '극'이라고 하옹. 다양한 곳에 쓰이는 말이옹.

😺 뭐 좀 먹고 하자냥. 나 배고픔이 극에 달했옹.

# 표시하다

미술 시간에 작품이 멋지게 완성되는 날이 있지?
그런 날에는 선생님께서 작품을 사물함에 넣어 놓으라고 하셔도,
내 작품을 교실 벽에 걸어두고 자랑하고 싶지!
이렇게 겉으로 드러내 보이는 걸 '표시하다'라고 해.

## 🐾 알아두면 똑똑해지는 서술어 친구들! 🐾

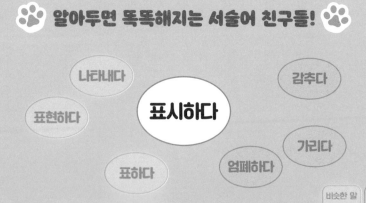

나타내다
표현하다
표하다
**표시하다**
감추다
엄폐하다
가리다

비슷한 말 | 반대말

# 6월  6일

# 현충일:
## 국토방위에 목숨을 바친 이의 충성을
## 기념하는 날

현충일은 우리나라를 보호하고 지킨 분들의 죽음을 기억하며
명복을 빌고 그 업적을 추모하는 날이에요.
전 세계 많은 국가에서는 나라를 지키기 위해 치른 전쟁에서
희생된 분들을 추모하는 날을 만들어 기념하고 있는데요.
우리나라도 한국전쟁으로 인하여 40만 명 이상의 국군이 사망하였고
100만 명에 달하는 일반 시민이 사망하거나 피해를 입은 역사가 있어요.
우리나라 정부는 매년 6월 6일, 한국전쟁에서 전사한 국군을 포함해
우리나라를 지키기 위하여 목숨을 바친
모든 이들의 넋을 기리는 행사를 하고 있답니다.

# 관람

## 觀 覽
볼 관   볼 람

연극, 영화, 운동 경기,
미술품을 구경함.

## 🐾 냥냥이랑 재잘재잘 🐾

🐱 부산에 볼거리, 먹을거리가 많다냥. 그래서 방학 때 부산 관람을 하러 갈 거다냥.

🐱 다른 지방이나 나라에 가서 그곳의 풍경, 풍습 등을 구경하는 건 '관광'이라고
한다냥. '관람'과는 의미가 다르다냥.

🐱 그렇구냥. 부산 관광을 하면서, 부산에 있는 야구장에 들러 야구 관람도 할 거
다냥. 신난다옹!

# 나침반

## 羅 針 盤

벌일 나     바늘 침     소반 반

동, 서, 남, 북의
방향을 알려 주는 도구.

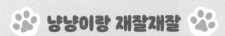 냥냥이랑 재잘재잘

 나침반은 중국에서 처음 발명되었옹. 나침반은 늘 일정한 방향을 가리켜 주옹. 그래서 바다에서 항해를 하거나 비행기 항로의 방향을 설정하는 데 널리 이용 되고 있옹. 또 길을 잃어버렸을 때 나침반을 이용해서 길을 찾을 수도 있옹.

 그래서 무슨 일을 어떻게 해야 하는지 모를 때, 하는 법을 알려 주는 사람에게 '나침반' 같은 역할을 했다고 표현하기도 하는 구냥.

# 견학

見 學

볼 견    배울 학

어떤 장소를 직접 방문하여
실제로 보고 그 일에 관한 지식을 배움.

## 냥냥이랑 재잘재잘

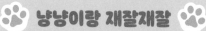

🐱 동물원 견학은 항상 즐거워옹! 동물을 직접 볼 수 있잖냥.

🐱 '백문이 불여일견'이라고 했다냥.

🐱 뭐, 뭐라고냥? 그게 무슨 말이냥?

🐱 백 번 듣는 것이 한 번 보는 것보다 못하다는 말이옹. 직접 경험해야 확실히 알
수 있다는 뜻이지옹. '백문이 불여일견'!

# 날

순우리말. 무엇을 자르거나 깎는 데 쓰는
가위나 칼 등의 도구에서
가장 얇고 날카로운 부분.
비슷한 말로 서슬, 칼날이 있음.

## 🐾 냥냥이랑 재잘재잘 🐾

 '날'은 연장의 가장 얇고 날카로운 부분을 말하옹. 그래서 칼을 간다는 것은 무딘 칼날을 날카롭게 만든다는 거다냥.

 날이 날카롭지 못한 것을 '무디다'고 하는구냥.

 '날'로부터 생긴 말이 '날카롭다'라옹. '날카로운 이빨', '날카로운 칼날'처럼 실제로 뾰족한 부분에 쓰기도 하지만, '날카로운 비판', '날카로운 인상'처럼 어떤 느낌을 의미할 때도 쓴다냥.

# 7월 21일

# 건설

## 建 設

세울 건　베풀 설

건물, 설비, 시설을
새로 만들어 세움.

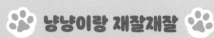 냥냥이랑 재잘재잘

🐱 우리 집을 새로 '건설'한다고 들었옹.

🐱 그건 '건축' 아니냥? '건축'은 아파트나 주택과 같은 건물을 짓는 것을 말한다냥. '건설'은 건물뿐 아니라 도로, 터널, 다리 등을 모두 포함한 말이옹. '건설'이 '건축'보다 더 큰 뜻이옹.

🐱 집 안에 터널까지 건설하면 그건 건축이냥? 하하!

# 보완

## 補 完

도울 보 　 완전할 완

모자라거나 부족한 것을
보충하여 완전하게 함.

 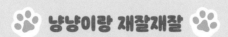 

### 😺 냥냥이랑 재잘재잘 🐾

 내 방을 열심히 꾸몄는데도, 아직도 보완해야 할 부분이 있옹.

흠, 학교 공부 중 먼저 부족한 부분을 보충하는 게 어떠냥?

나중에 할 거양. 그런데 '보충'이랑 '보완'의 '보'는 뜻이 같냥?

응. 둘 다 '돕다'는 뜻을 가진 '보'가 있옹. 완전하도록 돕고, 충분해지도록 돕는
것이니까냥. '보강', '개선'도 보완과 비슷한 뜻을 가진 말이양.

# 가상

## 假　想

거짓 가　　생각 상

사실이 아니거나 존재하지 않는 것을
사실이거나 실제로 있는 것처럼 생각함.

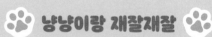 **냥냥이랑 재잘재잘**

난 요즘 우주 여행을 가는 상상을 한다옹.

그럼 가상 현실을 체험해 보라냥. '상상'이 마음속으로 그려 보는 거라면, '가상' 현실에서는 한 단계 더 나아가 상상하는 일이 실제로 일어나는 것처럼 느껴져옹. 정말 재미있다냥.

와! 가상 현실 세계에선 내가 상상하던 것을 직접 체험할 수 있는 거구냥!

# 수거

## 收 去

거둘 수 　 갈 거

거두어 감.

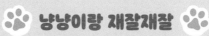 냥냥이랑 재잘재잘

😺 환경을 보호하기 위해 다 쓴 건전지를 수거하는 캠페인을 하고 있옹.

😼 우리 학교에서는 어린이 봉사대가 쓰레기를 수거하는 활동을 하고 있옹. 그런데 '수거' 말고 '회수'라는 말을 쓰면 어떠냥?

😺 '수거'는 거두어 간다는 뜻이옹. '회수'는 먼저 준 다음에 그것을 다시 거두어들이는 것이옹. 비슷하지만 조금 다르옹.

# 화폐

貨　幣

재물 화　화폐 폐

물건을 사고팔 때 물건값으로 주고받는
종이나 쇠붙이로 만든 돈.

## 🐾 냥냥이랑 재잘재잘 🐾

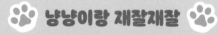

🐱 종이로 만든 지폐와 구리·은·니켈로 합금으로 만든 동그란 동전까지 모두 '화폐'라고 하는구냥.

🐱 난 지금 1,000원짜리 지폐 4장이랑 500원짜리 동전 2개가 있옹.

🐱 내 지갑에는 5,000원짜리 지폐가 1장 있옹.

🐱 화폐의 종류는 다르지만, 너희 모두 5,000원이 있는 거구냥.

# 둘러싸다

재미있는 놀잇감을 발견했을 때 친구들이 서로 보겠다고
둥글게 에워싸는 것을 본 적 있지?
이처럼 전체를 둘러서 감싸는 것을 '둘러싸다'라고 해.

## 알아두면 똑똑해지는 서술어 친구들!

감싸다

**둘러싸다**

에워싸다

두르다

## 도전! 냥냥이 퀴즈

1. 다음 중 주변에서 볼 수 있는 '상점'이 <u>아닌</u> 것은?
   ① 생선 파는 곳   ② 신발 파는 곳   ③ 옷 파는 곳   ④ 꿈 파는 곳


2. 다음 중 '중심지'를 찾는 방법이 <u>아닌</u> 것은?
   ① 친구가 조사할 때까지 기다리기   ② 인터넷 지도 찾아보기
   ③ 어른들께 여쭤 보기               ④ 도서관에서 지도 살펴보기


3. 다음 중 지도에서 일정 비율로 줄여서 그리는 것을 뜻하는 말은?
   ① 축하        ② 축척        ③ 축구        ④ 축제


4. 다음 중 '항공 사진'에서 볼 수 있는 모습은?
   ① 땅 위        ② 땅 속        ③ 바닷속        ④ 집 안


5. 다음 중 '행정'과 <u>관계없는</u> 말은?
   ① 행정복지센터        ② 행정부        ③ 교육청        ④ 휘청

# 솟다

위로 올라오는 것을 말하는데 천천히 조금씩 올라오는 느낌이 아니라
세차게 혹은 곧바로 오를 때 '솟다'라는 표현을 써.
산이 높이 솟아 있거나, 기름값이 갑자기 많이 올랐거나,
땅에서 새싹이 돋아날 때에도 '솟다'라고 하지.

## 알아두면 똑똑해지는 서술어 친구들!

돋다

솟다

샘솟다

돋아나다

 비슷한 말  반대말

**7월** **17일**

## 도전! 냥냥이 퀴즈

1. [　　　　　]은 일정한 시설을 갖추고 물건을 파는 곳이다.

2. 어떤 일이나 활동의 중심이 되는 곳을 [　　　　　]라고 한다.

3. [　　　　　]는 땅의 실제 모습을 일정하게 줄여 평면에 나타
낸 그림이다.

4. [　　　　　]은 비행 중인 항공기에서 고성능 사진기로 땅 위
의 모습을 찍은 것이다.

5. 국민을 위해 공공의 일들을 처리하는 것을 [　　　　　]이라
고 한다.

**6월** **13일**

## 도전! 냥냥이 퀴즈

1. 전지에서 전류가 드나드는 양쪽 끝, 자석에서 자력이 가장 센 양쪽 끝을 [               ] 이라고 한다.

2. 동, 서, 남, 북의 방향을 알려 주는 도구는 [               ] 이다.

3. [               ] 은 무엇을 자르거나 깎는 데 쓰는 가위나 칼 등의 도구에서 가장 얇고 날카로운 부분을 뜻하는 말이다.

4. 모자라거나 부족한 것을 보충하여 완전하게 하는 것을 뜻하는 어휘는 [               ] 이다.

5. [               ] 는 거두어 감을 의미한다.

7월 16일

# 방문하다

추석이나 설날이면 멀리 떨어져 사는 친척을 만나러 가는 친구들이 있지?
어떤 사람이나 장소를 찾아가서 보거나 만나는 것을 '방문하다'라고 해.
누군가 내게 찾아오는 것이 아니라 내가 찾아가는 것! 알겠지?

## 🐾 알아두면 똑똑해지는 서술어 친구들! 🐾

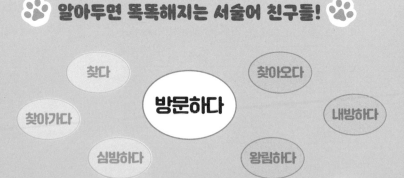

찾다

찾아오다

찾아가다

**방문하다**

내방하다

심방하다

왕림하다

비슷한 말    반대말

## 도전! 냥냥이 퀴즈

1. 자석의 모양은 다양하지만 (　　　　　　　　　)은 항상 두 종류뿐이다.

2. 나침반 바늘은 일정한 방향을 가리키는 성질이 있고, 자석의 성질을
   이용하면 나침반을 만들 수 있다. ( O, X )

3. 다음 중 칼이나 송곳 따위의 끝이 날카롭지 못한 것을 표현하는 말은?
   ① 무디다　　　　② 시퍼렇다　　　③ 날카롭다　　　④ 뾰족하다

4. 다음 중 밑줄 그은 글자의 뜻이 다른 하나는?
   ① <u>보</u>충　　　② <u>보</u>완　　　③ <u>보</u>통　　　④ <u>보</u>강

5. 다음 중 (　　　　　　　) 안에 공통으로 들어갈 어휘는?

   분리(　　)　　　쓰레기 (　　)　　　건전지 (　　)

**7월** **15일**

# 둘러보다

놀이공원에서 즐겁게 놀았던 경험, 다들 가지고 있지?
어떤 놀이기구를 탈지, 어떤 간식을 먹을지를 이리저리 살펴보게 되잖아.
그럴 때 바로 '둘러보다'라는 말을 쓸 수 있어.
다음에 놀이공원에서 이 말을 써 봐!

 **알아두면 똑똑해지는 서술어 친구들!**

순시하다

지나치다

**둘러보다**

살피다

지나가다

비슷한 말 반대말

# 위조지폐

## 僞 造 紙 幣

거짓 위 　 지을 조 　 종이 지 　 화폐 폐

진짜처럼 보이게 만든
가짜 지폐.

## 🐾 냥냥이랑 재잘재잘 🐾

 위조지폐는 가짜를 뜻하는 '위조'와 종이돈을 뜻하는 '지폐'가 합쳐진 말이냥.

 가짜에는 다 '위조'라는 말을 붙이면 되겠구냥.

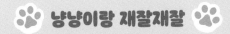 맞옹. 가짜 여권은 '위조 여권', 가짜 성적은 '성적 위조'!

혹시… 너도 위조 냥이냥? 하하하!

7월    14일

# 행정

行 政

다닐 행    정사 정

국민을 위해 공공의 일들을
처리하는 것.

## 🐾 냥냥이랑 재잘재잘 🐾

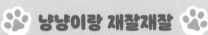

🐱 엄마께서 행정복지센터에 가신다는데, 그곳이 뭐하는 곳이냥?

🐱 행정복지센터는 그 지역 주민들의 생활을 도와주는 일을 하는 곳이양. 생활이
어려운 사람을 돕고, 각종 증명서도 발급해 주웅. 아이가 태어나거나 이사를 하
면 신고도 할 수 있는 곳이양.

🐱 행정복지센터 덕분에 우리가 많은 일들을 손쉽게 처리할 수 있는 거구냥. 고마
운 곳이구냥!

# 회전

回 轉

돌아올 회    구를 전

어떤 것을 축으로 제자리에서 빙빙 돎.
또는 가던 방향을 빙 돌아 바꾸는 것.

 **냥냥이랑 재잘재잘**

 회전은 한 물체가 한 방향으로 도는 것을 말하옹. 그렇다면 가다가 왼쪽으로 방향을 바꾸는 것은 무엇이라고 하냥?

 좌회전이옹. 오른쪽으로 도는 것은 우회전이고. 이번에는 내 차례! 정상적인 방향에서 거꾸로 회전하는 것은 무엇이라고 하냥?

 역전! 방향이 바뀌는 것뿐만 아니라 경기의 흐름이나 상황이 바뀌는 것도 역전이라고 한다냥.

**7월** **13일**

# 항공 사진

## 航 空 寫 眞

배 항　　빌 공　　베낄 사　　참 진

비행 중인 항공기에서
고성능 사진기로 땅 위의 모습을 찍은 사진.

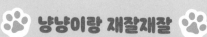 냥냥이랑 재잘재잘

 내가 네 사진을 멋지게 찍어줄 테니, 비행기 좀 구해 줘냥.

뭐? 비행기냥? 사진 찍는데 비행기가 필요하냥……. 

비행기를 타고 공중에서 찍은 사진을 항공 사진이라고 한다옹. 난 비행기를 타고 땅에 있는 네 모습을 찍을거양.

우아, 재밌겠다옹! 나도 찍어볼래옹!

# 보전

## 保 全

지킬 보    온전할 전

잘 보살피고
지키는 것.

## 🐾 냥냥이랑 재잘재잘 🐾

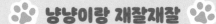

🐱 퀴즈! '보전', '보존', '보호'에 모두 들어있는 '보' 자의 의미가 뭘까냥?

🐱 쉬운 거 아니냥? '지킬 보(保)'잖냥.

🐱 맞다냥. 그래서 세 어휘 모두 '지키다'는 의미가 있옹. '보전'은 바뀌는 것 없이
온전하게 지키는 것을, '보존'은 잘 보호하고 간수하여 남기는 것을, '보호'는 위
험이 미치지 아니하도록 잘 보살펴 돌보는 것을 의미하옹.

# 지도

땅 지    그림 도

땅의 실제 모습을 일정하게 줄여
평면에 나타낸 그림.

## 🐾 냥냥이랑 재잘재잘 🐾

 아무래도 의심스럽다냥. 실제보다 훨씬 작게 지도를 그리는데 정확하다는 게 이상하지 않냥?

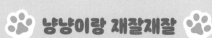 지도는 '축척'을 이용해서 정확히 그린다냥. '축척'은 지도를 그릴 때 땅의 크기를 그대로 그릴 수 없으니 일정한 비율로 줄여서 그리는 것을 말한다냥. 지도에서 1 cm가 실제 거리로 얼마인지를 나타내 준다냥.

 오, 지도와 축척은 세트 메뉴구냥!

# 빙하

## 氷 河

얼음 빙　　물 하

추운 지역에서 오랫동안 쌓인 눈이 얼음이 되어서
낮은 곳으로 흐르는 것. 또는 그 덩어리.

## 😺 냥냥이랑 재잘재잘 🐾

 '빙하', '빙수', '빙상' 이 세 단어는 모두 얼음을 뜻하는 '빙'이라는 한자어가 있다냥.

 '빙'이 얼음을 뜻하는 거구냥!

 맞다옹. '빙수'는 먹어 봤지옹? 우유 빙수, 팥빙수, 과일 빙수처럼 얼음 위에 맛있는 음식을 올린 거 말이양. '빙상'은 얼음 위를 말한다옹. 피겨 스케이팅이나 쇼트 트랙 같은 종목을 '빙상 스포츠'라고 한다옹.

# 중심지

## 中 心 地

가운데 중    마음 심    땅 지

어떤 일이나 활동의
중심이 되는 곳.

## 냥냥이랑 재잘재잘

🐱 나는 우리 지역에서도 '중심지'에 살다 보니 사람도 많고 차도 많아서 피곤할 때가 많옹.

🐱 난 '중심지'에서는 좀 멀리 떨어진 '변두리'에 사니까 한적해서 좋다냥. 변두리는 어떤 지역의 가장자리를 뜻하니까 중심지의 반대라고 생각해도 될 것 같옹.

🐱 나도 조용한 너희 동네에 가서 살고 싶옹!

# 생물

## 生 物

날 생　　물건 물

살아있는
동물과 식물.

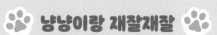 냥냥이랑 재잘재잘

'생물'과 '생명'은 늘 헷갈리옹. 둘은 뭐가 다른 거냥?

'생물'은 생명을 가지고 살아가는 동물과 식물, '생명'은 생물로서 살아 있게 하는 힘을 말한다옹.

생명이 없으면 생물이 아니구냥.

# 상점

## 商 店

장사 상  가게 점

일정한 시설을 갖추고
물건을 파는 곳.

 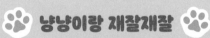 

## 냥냥이랑 재잘재잘

 내가 물건을 사러 '상점'에 간다고 했더니, 내 친구가 '가게'에 가는 거 아니냐고
묻더라냥! 같은 말 아니냥?

하하! '가게'는 작은 규모로 물건을 파는 집이라는 뜻이 있옹. '상점'과 크게 의미
가 다르지 않으므로 둘 다 맞는 표현이양.

그럼 난 뭐든지 큰 게 좋으니까 상점에 간다고 말하겠옹. 하하!

# 6월 20일

# 차지하다

동생이 내가 아끼던 연필을 가지고 갔을 때,
내가 좋아하는 축구 팀이 우승했을 때,
우리 반 친구들이 휴대 전화를 가지고 있는 비율이 어느 정도인지 말할 때
'차지하다'라는 표현을 써. 물건이나 지위를 자기 몫으로 가지고 가거나,
얼마만큼의 비율인지 말할 때처럼 말이야.

## 🐾 알아두면 똑똑해지는 서술어 친구들! 🐾

가지다    **차지하다**    맞다

구성하다

 비슷한 말   반대말

## 도전! 냥냥이 퀴즈

1. 다음 중 지도에 사용된 '기호'를 모아 정리해 둔 것을 가리키는 말은?
   ① 범례　　　　② 범고래　　　　③ 범퍼카　　　　④ 범위

2. 다음 중 지하철이 지나는 곳을 알고 싶을 때 보는 것은?
   ① 세계지도　　　② 동화책　　　③ 친구 얼굴　　　④ 지하철 노선도

3. 다음 중 '등고선'은 땅의 ( 넓이, 높낮이 )를 나타낸 선입니다.

4. 다음 중 지도에서 '방위'가 <u>아닌</u> 것은?
   ① 동　　　　② 서　　　　③ 남　　　　④ 녀

5. 다음 중 '산업'이 발달한 곳에서 많이 볼 수 <u>없는</u> 것은?
   ① 산　　　　② 회사　　　　③ 사람　　　　④ 공장

1. ① 2. ④ 3. 높낮이 4. ④ 5. ①

# 편평하다

울퉁불퉁하지 않고 바닥이 판판한 곳을 '평평하다'라고 해.
그런데 거기에 '넓다'라는 의미를 더하여
넓고 평평한 곳을 '편평하다'라는 표현해.
옛날 사람들은 지구가 편평하다고 생각했었대.

## 🐾 알아두면 똑똑해지는 서술어 친구들! 🐾

 넓적하다

편평하다

비슷한 말 | 반대말

# 7월 8일

## 🐾 도전! 냥냥이 퀴즈 🐾

1. ⬜⬜⬜ 란 어떤 뜻을 나타내기 위하여 쓰이는 부호, 문자, 표지를 통틀어 이르는 말이다.

2. 기차, 버스, 지하철의 경유지를 표시한 지도는 ⬜⬜⬜ 이다.

3. ⬜⬜⬜ 은 지도에서 땅의 높이가 같은 곳끼리 연결한 선을 말한다.

4. 동서남북을 기준으로 하여 나타내는 어떠한 쪽의 위치는 ⬜⬜⬜ 라고 한다.

5. 인간이 풍요롭게 살기 위해 물건이나 서비스를 생산하는 활동을 ⬜⬜⬜ 이라고 한다.

**6월** **22일**

## 😺 도전! 냥냥이 퀴즈 😺

1. [　　　　　] 는 진짜처럼 보이게 만든 가짜 지폐를 말한다.

2. 어떤 것을 중심으로 제자리에서 빙빙 도는 것을 [　　　　　]

   이라고 한다.

3. [　　　　　] 은 잘 보살피고 지키는 것이다.

4. 추운 지역에서 오랫동안 쌓인 눈이 변한 얼음덩어리를 [　　　　　]

   [　　　　　] 라고 부른다.

5. [　　　　　] 은 살아있는 동물과 식물을 말한다.

# 나타내다

가끔 답을 알고는 있는데 정확하게 표현하지 못하는 경우가 있지?
내 머릿속에 있는 생각을 구체적으로 드러내고 싶은데 말이야.
구체적으로 표현한다는 말을 '나타내다'라고 할 수 있어.

## 🐾 알아두면 똑똑해지는 서술어 친구들! 🐾

알리다

숨기다

드러내다    **나타내다**

표현하다    덮다

 비슷한 말  반대말

# 🐾 도전! 냥냥이 퀴즈 🐾

1. 위조지폐는 ( 가짜, 진짜 )를 뜻하는 '위조'와 종이돈을 뜻하는 '지폐' 가 합쳐진 어휘이다.

2. 방향을 바꾸어 움직이는 것을 뜻하는 말이 <u>아닌</u> 것은?
   ① 좌회전　　② 우회전　　③ 회전　　④ 환전

3. 다음 중 '지킨다'는 의미가 있는 어휘가 <u>아닌</u> 것은?
   ① 보통　　② 보전　　③ 보호　　④ 보존

4. 다음 중 '빙'의 의미가 <u>다른</u> 하나는?
   ① 빙수　　② 빙하　　③ 빙긋　　④ 빙상

5. 다음 중 '생물'이 <u>아닌</u> 것은?
   ① 토끼　　② 장미　　③ 잠자리　　④ 지우개

1. 가짜 2. ④ 3. ① 4. ③ 5. ④

# 고려하다

부모님께 원하는 것을 사달라고 말씀드렸을 때
바로 허락해 주시지 않아 속상했던 경험이 있을 거야.
그건 부모님께서도 생각해 볼 시간이 필요하기 때문이야.
생각하고 헤아려 보는 것을 '고려하다'라고 해.

## 🐾 알아두면 똑똑해지는 서술어 친구들! 🐾

생각하다

**고려하다**

따지다

헤아리다

비슷한 말    반대말

# 유지

## 維 持

벼리 유   가질 지

어떤 상태나 상황을
그대로 이어 나감.

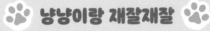

### 🐾 냥냥이랑 재잘재잘 🐾

😺 '유지'는 어떤 상태나 상황을 그대로 이어 나가는 거양. 이 말을 어떤 상황에서 쓸 수 있을까냥?

😼 난 아빠가 운전하실 때 안전거리를 '유지'해야 한다고 하셨던 말씀이 기억나.

😺 건강을 '유지'하거나 생명을 '유지'하는 것에도 쓸 수 있옹. 질서 '유지' 혹은 세계 평화 '유지'에도 쓸 수 있고냥.

# 산업

## 産 業

낳을 산    업 업

인간의 생활을 경제적으로 풍요롭게 하기 위하여
물건이나 서비스를 생산하는 활동.

## 냥냥이랑 재잘재잘

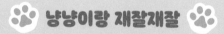

'산업'과 '상업'은 글자가 비슷해서 더 헷갈리옹. 혹시 뜻도 비슷하냥?

'산업'은 무엇인가를 만들어 내는 일을 말하옹. '상업'은 상품을 사고팔면서 이익을 얻는 일을 뜻하옹.

만드는 것은 '산업', 사고파는 건 '상업'이구냥!

오호! 금방 이해하는구냥! 넓은 의미로 상업을 산업에 포함시키기도 하옹.

# 첨단

## 尖 端

뽀족할 **첨**   끝 **단**

시대나 학문, 유행의
가장 앞서는 자리.

 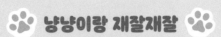 

## 냥냥이랑 재잘재잘

넌 항상 패션의 '첨단'을 걷는구냥!

뭐, '첨단'이라고? '첨단'은 뽀족하다는 뜻의 '첨'과 끝을 나타내는 '단'이 합쳐진 한자어니까 뾰족한 끝이라는 말인데, 내가 뾰족하다는 거냥? 쳇.

하하. '첨단'은 가장 먼저 앞서는 것을 말한다냥. 유행이나 흐름, 시대에 앞서는 것들 말이다냥. 난 네가 유행에 앞선다고 말한 거옹.

# 방위

## 方 位

모 방     자리 위

동서남북을 기준으로 하여
나타내는 어떠한 쪽의 위치.

## 🐾 냥냥이랑 재잘재잘 🐾

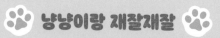

🐱 동서남북이 뭔지는 알겠는데 이 지도에서 동쪽이 어디 있냥? 오른쪽? 왼쪽?

🐱 지도에는 동서남북을 나타내는 방위표가 있다냥. 방위표를 보면 동쪽이 어디인
지 알 수 있다냥.

🐱 이 지도에 따르면 내 방은 해가 지는 서쪽에 있다냥. 그래서 내가 여태까지 매
일 늦잠을 잔 거다냥, 하하!

# 탐사

## 探 查

찾을 탐    조사할 사

잘 알려지지 않은 것을
자세히 살피고 알아보는 일.

## 🐾 냥냥이랑 재잘재잘 🐾

😺 궁금한 것을 깊이 연구하는 것을 '탐구'라고 했는데, '탐사'랑은 다른 거냥?

😼 '탐구'와 '탐사' 모두 '찾다'라는 뜻의 '찾을 탐探'을 사용한다옹. 그런데 '탐구'는 궁금한 것을 깊이 연구하는 것을 말하고, '탐사'는 잘 알려지지 않은 것을 자세히 살피고 알아보는 일이다옹.

😺 그래서 달 탐구, 우주 탐구가 아닌 달 탐사, 우주 탐사라고 하는 구냥.

# 등고선

## 等 高 線

무리 등    높을 고    줄 선

지도에서 땅의 높이가
같은 곳끼리 연결한 선.

## 🐾 냥냥이랑 재잘재잘 🐾

🐱 일기 예보에서 '등온선'이라는 말이 나왔다냥. '등고선'과 비슷한 거냥?

🐱 '등온선'은 온도가 같은 지점끼리 연결하여 이은 선이다냥.

🐱 아, 온도가 같은 지점을 연결한 선이구냥. 네 얼굴에 주름은 무엇끼리 연결한
선이냥?

🐱 뭐라고냥? 쳇!

# 표면

## 表 面

겉 표　　낱 면

사물의 가장
바깥쪽.

## 😺 냥냥이랑 재잘재잘 😺

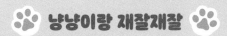

😺 지구와 달 표면의 공통점이 있냥?

😺 지구와 달 모두 표면에 돌과 흙이 있옹.

😺 그러면 차이점은 뭐냥?

😺 표면을 멀리서 관찰했을 때, 지구는 구름이 있는 곳은 하얗게 보이고, 물이 있는 바다와 육지가 보이옹. 달에는 구름이 없고, 운석 구덩이가 많이 보인다옹.

# 노선도

## 路 線 圖

길 로(노)　　줄 선　　그림 도

기차, 항공기, 버스, 지하철의
경유지를 표시한 지도.

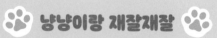 냥냥이랑 재잘재잘

🐱 이런, 또 잘못 탔옹. 서울 지하철 노선도는 너무 복잡하옹!

🐱 맞다냥. 나도 자주 잘못 탄다냥. 노선도에는 잠깐 지나는 경유지까지 모두 표시
　되어 있으니까 정말 헷갈리옹.

🐱 경유지? 경유지가 뭐다냥?

🐱 잠깐 거쳐 지나가는 곳을 경유지라고 한다옹.

# 흔적

痕 跡

흔적 흔　발자취 적

어떤 것이 지나간 뒤에
남겨진 것.

## 😺 냥냥이랑 재잘재잘 🐾

 과자 부스러기가 왜 이렇게 많으냥? 너 여기에서 과자 먹었냥?

 어떻게 알았냥? 내가 아무도 모르게 흔적을 지우지 않았냥?

 여기 이렇게 흔적이 많이 남아있다냥! 하하하.

# 기호

記 號

기록할 기 　 부를 호

어떤 뜻을 나타내기 위하여 쓰이는 부호, 문자, 표지를
통틀어 이르는 말.

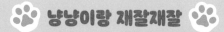

😺 지도 속에 무슨 기호가 이렇게 많으냥? 난 암기는 정말 싫옹.

😸 하하! 걱정 말아냥. 지도에 쓰인 기호와 뜻을 한곳에 모아 놓은 '범례'라는 게 있
어냥.

😺 우와! 범례를 보면 기호를 외우지 않아도 의미를 알 수 있겠구냥.

😸 맞다옹!

# 6월  29일

## 🐾 도전! 냥냥이 퀴즈 🐾

1. [          ]는 어떤 상태나 상황을 그대로 이어 나가는 것이다.

2. 시대나 학문, 유행의 가장 앞서는 자리를 의미하는 어휘는

   [          ]이다.

3. [          ]는 잘 알려지지 않은 것은 자세히 살피고 알아보

   는 일이다.

4. [          ]은 사물의 가장 바깥쪽을 나타내는 어휘다.

5. 어떤 것이 지나간 뒤에 남겨진 것을 뜻하는 어휘는 [          ]

   이다.

1. 유지 2. 첨단 3. 탐사 4. 표면 5. 흔적

# 6월 30일

## 😺 도전! 냥냥이 퀴즈 😺

1. 다음 중 '유지'의 쓰임이 가장 어색한 것은?

   ① 질서 유지　　　　　② 세계 평화 유지

   ③ 안전거리 유지　　　④ 괴롭힘 유지

2. 다음 글자의 의미에 알맞게 짝지으시오.

   첨 •　　　　　　　• 끝

   단 •　　　　　　　• 뾰족함

3. 다음 중 물속에 들어가 알려지지 않은 생물을 샅샅이 조사하는 일을
   가리키는 말은?

   ① 수중 탐사　　② 수영　　③ 물놀이　　④ 낚시

4. 지구와 달은 모두 표면에 돌과 물이 있다. ( O, X )

5. ( 흔적, 기적 )을 지우다.